MAREN GROTE

HUNDE

FÜHLEN & ANLEITEN

Die Magie der Berührung

KOSMOS

☞ *Inhalt*

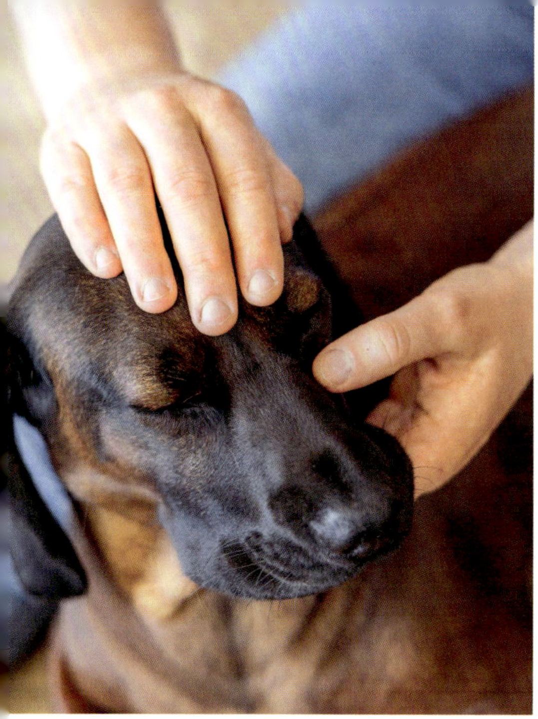

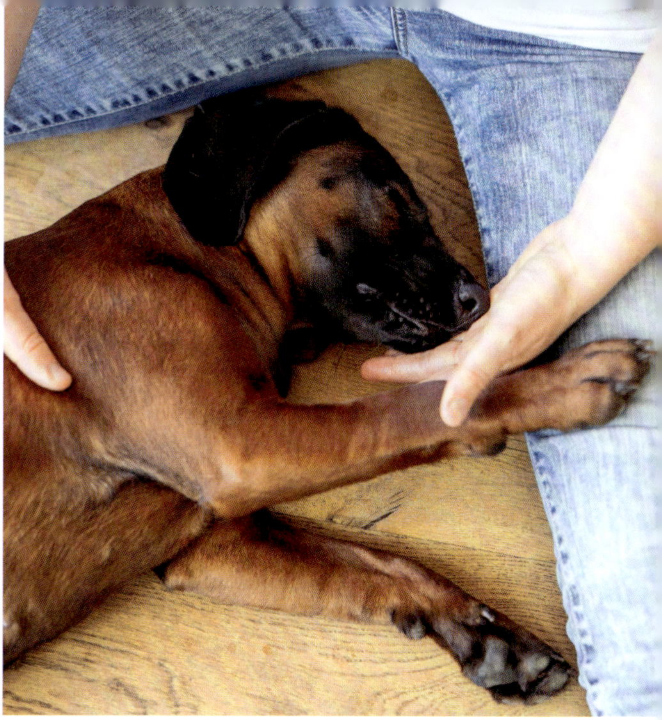

DAS KOSTENLOSE EXTRA: DIE KOSMOS-PLUS-APP FÜR DIGITALE ZUSATZINHALTE

Dieses Buch bietet dir weitere Inhalte in Form von sechs Audiodateien von Maren Grote, die im Buch durch dieses Symbol 123 gekennzeichnet sind.

Und so geht's:

1. Besuche den App Store oder Google Play.
2. Lade die kostenlose App „KOSMOS-PLUS" auf dein Mobilgerät.
3. Dann öffnest du die App, schaltest die Inhalte mit dem Code „Fühl deinen Hund" frei und lädst die Inhalte für das Buch „Hunde fühlen und anleiten" herunter.
4. Auf den Seiten mit dem Symbol 123 kannst du eine Audiodatei zum jeweiligen Thema anhören. Dazu gibst du den dort genannten Zahlencode in die App ein oder suchst dir in der Medienliste den entsprechenden Inhalt.

Mehr Informationen findest du unter plus.kosmos.de.

FASS DEINEN HUND
MEHR AN,
— *denn es wird euch*
beide berühren!

EIN BLICK DURCH DIE LUPE

Im Gegensatz zu meinem letzten Buch, in dem ich mich allumfassend mit dem Verhalten und der Körpersprache von Hunden beschäftigt habe, geht es nun um einen sehr kleinen und speziellen Teilbereich im Zusammenleben mit Hunden.

Ich spreche hier von einem Bereich der Kommunikation, der noch nicht ausreichend in der Welt der Bücher abgedeckt ist im Vergleich zu den anderen Bestandteilen der Kommunikation mit Hunden.
Über körpersprachliches Kommunizieren gibt es tolle Bücher, über das Lesen und Einsetzen des körperlichen Ausdrucks, um den Hund zu etwas zu bringen, von etwas abzuhalten oder sonst wie erzieherisch und im Zusammenleben zu unterstützen. Noch viel mehr Bücher gibt es über den Einsatz der Sprache und diverser Hilfsmittel, die als Brücke dienen sollen, um mit dem Hund in Kontakt zu treten. Was fehlt, ist der Einsatz des Körpers, das gezielte Berühren, Greifen, Anfassen des Hundes, um damit etwas zu erreichen. Diesen wichtigen, unverzichtbaren und doch kleinen Teil möchte ich mir in diesem Buch vornehmen und ihm damit die Aufmerksamkeit schenken, die er verdient hat, denn er ist drauf und dran, zu einer vergessenen Kunst und einem falsch eingeschätzten und falsch eingesetzten Mysterium zu werden, das lieber vermieden anstatt gezielt geübt wird.
Alles, was du hier lesen und lernen wirst, ist ein Fragment der Kommunikation. Nicht die ganze Wahrheit, sondern nur ein wichtiges Puzzlestück, das ohne Körpersprache, Mimik und Stimme unvollständig bleibt. Hier schauen wir also gemeinsam auf einen

01

Aspekt des Zusammenlebens und der Erziehung, der immer nur als ein notwendiger Teil des großen Ganzen betrachtet werden kann und darf.

SCHÖNER STREICHELN? NEIN, VIEL MEHR!

Es geht in diesem Buch nicht darum, den Hund möglichst nett zu streicheln. Es geht um das bewusste Einsetzen von Berührungen, um verschiedene Gefühle im Hund hervorzurufen.

02

01 Beobachten, was der Hund mag und was ihm zu viel oder zu wenig ist, gehört dazu, um vertrauensvolle Berührungen zu fördern.

02 Wie und wo Hunde besonders gern angefasst werden, ist individuell. Es gibt keine allgemeingültigen Pauschalregeln.

03 Seine Berührungen dem Hund anzupassen heißt, eventuell zwei verschiedene Hunde im gleichen Haushalt auch ganz verschieden anzufassen.

03

WOZU EIN BUCH ÜBER DAS ANFASSEN?

Im ersten Moment sollte man denken, dass es doch völlig normal ist, dass jeder seinen Hund anfasst. Und ein bisschen stimmt das auch. Aber eben nur ein bisschen.

Wir streicheln unsere Hunde, aber wenn wir mal ehrlich sind: Wie oft nehmen wir uns wirklich die Zeit, den Hund bewusst anzufassen? Nicht beiläufig, ohne Fernseher oder Handy nebenbei, sondern wirklich mal eine ganze Stunde nur mit dem Fokus auf dem Hund? Wer würde seinen Hund am Atemrhythmus und Herzschlag erfühlen und von anderen Hunden unterscheiden können? Wer könnte beschreiben, ohne den Hund zu sehen, wo sich sein Fell wie anfühlt und wo es sich in seiner Struktur im Verlauf des Körpers verändert?
Wie oft bringen wir uns erzieherisch bewusst und durchdacht mit unseren Händen und unserem Körper ein, sowohl wenn wir möchten, dass unser Hund etwas tut, als auch wenn wir möchten, dass er etwas lässt? Meistens greifen wir doch auf Worte statt auf Taten zurück. Wir geben Kommandos, verwenden Halsbänder, Geschirre, Hundekekse und drücken uns körpersprachlich aus, aber wo bleiben unsere Hände dabei?

MEINE LIEBLINGS-ERFAHRUNG

Meine persönliche Lieblingserfahrung zu diesem sich immer weiteren Entfernen der Menschen von einem natürlichen und bewussten Anfassen ist folgende: Ich war auf einer Zeltveranstaltung, bei der ein Hund frei herumlief. Er war sehr freundlich und aufgeschlossen und interessierte sich ausgesprochen für den mit Würstchen bestückten Grill, den ein paar zeltende Menschen gerade angeworfen hatten. Er ging also zum Grill und schaute vorsichtig, ob er sich vielleicht ein Würstchen nehmen könnte. Direkt neben ihm standen fünf Menschen, alle in heller Aufregung, da sie sich ausmalen konnten, was als Nächstes passieren würde. Immerhin stand der Hund direkt vor dem Grill, die Nase fast schon am Gitterrost und den hungrigen Blick auf die Würstchen gerichtet.
Was geschah? Fünf Menschen riefen aufgeregt Worte wie „Nein!“, „Pfui!“ und „Aus!“ in steigender Lautstärke und Schärfe. Wie in Zeitlupe und ungläubig guckend, nahm sich der Hund ein Würstchen nach dem anderen vom Grill und fraß sie unter den fuchtelnden Zeigefingern und wütenden Rufen der umstehenden Leute. Am Ende hatte er sechs Würste verputzt und ging zufrieden seiner Wege. Keiner der Wurstbesitzer ist auf die Idee gekommen, seine Hände zu benutzen, den Hund wegzuschieben, sich vor den Grill zu stellen oder den Hund festzuhalten. Auf meine Frage „Wieso?“, bekam ich erstaunte Antworten. Der Hund habe kein Halsband getragen, wie hätte man ihn da festhalten sollen? Und was hätte man sonst machen müssen? Ihn etwa schlagen? Ich war erstaunt. Das Einzige, was diesen Leuten als Alternative, gar nichts zu tun, einfiel, war es, den Hund zu schlagen, um ihn körperlich von etwas abzuhalten.

Langsam und bewusst zu streicheln und dabei ein Gefühl zu transportieren, hat etwas mit Konzentration auf den Hund zu tun.

EIN TREND, DER SICH FORTSETZT

Das ist vielleicht ein extremes Beispiel, aber der Trend setzt sich fort, wie mir immer mehr Kolleg*innen aus ihren Hundeschulen berichten, bereits in Welpengruppen. Kaum einer weiß, was einem Hund nun wirklich weh tut, wie und wo man ihn sicher greifen kann – ganz ohne Halsband – oder wie man seine Hände gezielt für unterbrechende Maßnahmen einsetzen kann, ohne den Hund zu schlagen bzw. ihm weh zu tun und ohne gebissen zu werden. Aus dieser Unsicherheit heraus bekommen die ausgesprochenen Kommandos für Menschen eine immer größere Bedeutung, während die Hunde die Hilflosigkeit ihrer Menschen fühlen und ihrerseits einfach machen, was sie wollen.

WIR SIND DAS VORBILD FÜR UNSERE HUNDE

Gleichzeitig fehlt den Hunden das Vorbild an angepasster körperlicher Kontaktaufnahme. Wir sind für sie der Maßstab, an dem sie lernen, was angemessen ist und was nicht, zumindest wenn sie als Welpen zu uns kommen. Machen wir ihnen nicht vor, wie man körperlich fair agiert, dann lernen sie es auch schwer, bei anderen Hunden ihrerseits richtig vorzugehen. Wir sind der konstanteste und am häufigsten vorkommende Sozialkontakt für unsere Hunde.
Damit haben wir auch den größten Einfluss als Vorbildfunktion, egal, ob wir das wollen oder nicht. Niemand von uns kann sich aus dieser Verantwortung stehlen, höchstens wenn noch mehrere andere Hunde im Haushalt diese wichtige Lektion für uns übernehmen. Ist da niemand, der es lehrt, bleibt ein eventuell körperlich rüpeliger und übergriffiger Hund zurück, der bei anderen Hunden stets anecken muss, oder einer, der mit Berührungen, körperlichen Einschränkungen und Auseinandersetzungen vollkommen überfordert ist, obwohl diese im Hundealltag dazugehören.

Deswegen habe ich mich für dieses Thema entschieden. Ich möchte nicht nur über die Wichtigkeit von Berührungen schreiben, denn ich denke, da weißt du schon so einiges. Vielmehr möchte ich auch konkrete Anleitungen geben, wann und wie wir uns gezielt über unseren Körper und nicht über Sprache einbringen können, was wir alles still und ruhig über das Anfassen des Hundes beibringen und lehren können und unsere Hunde damit schulen, ebenfalls still

01

02

01 Viele Hunde lieben das ruhige Anfassen und Nahekommen des Kopfes, solange es der vertraute Mensch tut.

02 Hat der Hund gelernt, dass der Mensch hinschaut und hilft, dann wird der Mensch aktiv aufgesucht, wenn wie hier ein Blatt am Auge des Hundes festhängt.

und angemessen, fair und geduldig mit dem Körper anderer umzugehen.

Du findest in diesem Buch detailliert erklärte Übungen zum Stärken eurer Beziehung, zum Unterbrechen von störendem Verhalten und zum gemeinsamen und kooperativen Beschäftigen ganz ohne Worte, Kommandos oder Leckerlis. Damit möchte ich dir ein zusätzliches Tool zum bewussten Umgang mit deinem Hund an die Hand geben, nicht ersetzend zu Körpersprache oder auch zu Kommandos, sondern ergänzend und bereichernd. Du wirst sehen, was du alles erreichen kannst und wie intensiv es eure Freundschaft stärken und verbessern wird.

Alles, was dich handlungsfähiger macht, erhöht dein Selbstbewusstsein, deine Souveränität und damit auch deine Klarheit und deine Führungsqualitäten, denn Hunde möchten und brauchen Führung durch jemanden, der weiß, was er tut, und nicht durch jemanden, der irgendwelche unbegründeten Herrschaftsansprüche stellt. Und Führung übernehmen geht eben dann am besten, wenn man für möglichst viele Probleme verschiedene Lösungsmöglichkeiten zur Hand hat.

WUSSTEST DU ...

Um einen Hund zu erziehen, ihn neben sich laufen oder sitzen zu lassen, zu sich zu holen oder von etwas abzuhalten, braucht man kein einziges Wort, kein einziges Hilfsmittel und keinen einzigen Gegenstand. Diese Dinge erleichtern es uns, sind aber nicht zwingend notwendig.

Hunde schauen genau hin und werten unsere Bewegungen und Berührungen aus.

WISSENSCHAFT STATT WUNDERPILLE

Die Wirkung von bewusster Atmung, Bewegungstechnik und Körpersprache im Kontakt ist gut erforscht und alles andere als Glaube an unerklärliche Energien.

Ich werde im Verlauf dieses Buches immer wieder auf die Wirkung der eigenen Einstellungen und Empfindungen eingehen und meine damit ganz explizit die erwiesenen Funktionen von Hormon- und Neurotransmitterausschüttungen, Mechanismen im Gehirn und Körper des Hundes und keine unerklärlichen Energien oder mystische Verbindungen. Auch wenn es einem manchmal wirklich magisch vorkommen mag, wie tief eine Verbindung zum Hund sich anfühlen kann und wie intensiv man das Gefühl von Verstehen und Verstandenwerden wahrnehmen kann, wenn man sich konzentriert auf die Kommunikation einlässt.

Die Auswirkungen von Körperkontakt sind bestens erforschte Bereiche und lassen sich sehr unmystisch erklären. So bedingt zum Beispiel eine eigene Intention und Einstellung die Veränderung der Mikromimik – also der unbewussten Gesichtszüge – und auch der unbewussten Körpersprache. Das wiederum wird vom Gegenüber ebenfalls unbewusst ausgelesen und löst ein passendes Gefühl aus. Meiner Meinung nach ist es wichtiger, uns bewusst zu sein, was wir wollen und was wir nicht wollen, als Techniken zum Einstudieren von Kommandos. Hundeerziehung ist Erziehung und in dem Punkt unterscheidet sie sich nicht von der Erziehung eines Menschen. Erziehung ist aber mehr als gezieltes Lob oder Strafe, und das Erlernen von Kommandos ist nur der winzige Teil, der unter „Dressur“ zusammengefasst werden kann.

PERMANENTE ERZIEHUNG

Erziehung geschieht permanent, unbewusst und durch den sozialen Umgang und das Zusammenleben. Wir erziehen unsere Hunde nicht beim Trainieren, wir erziehen sie vierundzwanzig Stunden am Tag. Erziehung hat das Ziel, ein junges Lebewesen auf die Welt vorzubereiten, es kompetent, sozial angepasst und selbstständig zu machen. Das passiert über Verhaltensweisen, das Wissen über Lerntheorie, Wissenschaft und Entwicklung. Und es passiert über etwas, das man nicht lesen, aber üben kann: über die Einstellung zum Gegenüber, die eigenen Fähigkeiten auszudrücken und zu erkennen, was man erwartet. Ehrlichkeit und authentische Vermittlung von Gefühlen und das Sehen und Ernstnehmen des Lebewesens, das erzogen werden soll, sind wichtige Bestandteile, ob ich als Mensch mit exakt den gleichen Techniken ein ebenso gutes Ergebnis erzielen kann wie jemand anders. Die Einstellung und eigene Aufgeräumtheit, also Selbstreflexionsfähigkeit, sind das, was am Ende den Unterschied macht, ob es funktioniert oder nicht.

Wer nur nach Techniken und Anleitungen sucht, wann er was loben oder strafen soll oder welche Bewegungen er in welcher Situation machen soll, der wird immer auf der Suche nach dem perfekt erzogenen Hund bleiben oder in unangemessenen Zwang oder unangemessenes Loslassen abrutschen. Techniken, Liebe, Anleitung und Sachverstand sind alles wichtige Bestandteile. Aber authentisch reagieren zu können, sich bewusst und klar verhalten und seine eigenen Gefühle erkennen, benennen und beeinflussen zu können, das ist der Schlüssel, der aus all dem vorher Genannten eine Fähigkeit macht.

In diesem Buch geht es um Verstehen, Helfen und auch um das Setzen von Grenzen über Abbruchsignale. Vielleicht ist das ungewohnt und neu für dich. Vielleicht fragst du dich, wie du Verhalten ohne Worte unterbinden kannst, ohne Gewalt anzuwenden, und vielleicht macht dir dieses Thema sogar ein bisschen Angst. Kein Problem! Erstens gehen wir hier Schritt für Schritt vor und du lernst den Körper deines Hundes und deinen eigenen Körper und seine Möglichkeiten sehr gut kennen. Zweitens ist alles, was du umsetzt und tust, freiwillig und durch deinen gesunden Menschenverstand und dein Mitdenken abgesichert. Du lernst im ersten Teil dieses Buches, was weh tut und was nicht, was die Wirkung einer Unterbrechung erzielt, denn eins sei gleich vorweg erwähnt: Auch wenn du deinen Hund unterbrechend anfasst, ist es niemals Schmerz, der ihn abhält oder sein Verhalten beeinflusst. Es ist deine Stimmung, die Art, wie du genau anfasst, wie deine Körpersprache ist und was du zusätzlich tust oder meistens eher: was du zusätzlich lässt. **Keine der hier vorgestellten Techniken löst einen Schmerz am Hund aus und sollte es auch nicht tun.** Sollte dein Hund Schmerzen haben, dann ist es notwendig, diese tierärztlich abzuklären. Prüfe immer genau, ob dein Hund keine Lust hat, sich wehrt, weil er die Verbindlichkeit in deinem Handeln abwehren möchte oder weil es ihm wirklich weh tut, was du machst. Damit du genau einschätzen kannst, welche Intensität deiner Griffe weh tun und welche nicht, sind die ersten Praxisübungen hier im Buch (das Spielen und die Massageübungen) genau darauf ausgelegt, das herauszufinden.

WUSSTEST DU ...

dass Berührungen aller Art zum Lernen dazugehören, wichtig sind für die ungestörte Ausbildung der Persönlichkeit und Gesundheit, ist für sozial strukturiert lebende Säugetiere bekannt und erforscht.

DIE KRAFT DER BERÜHRUNG

Eine einzige Berührung kann alle denkbaren Gefühle hervorrufen, je nachdem, wer einen wie und wann berührt.

Automatisches Streicheln wirkt unkontrolliert und unsicher, während das bewusste Stillhalten Sicherheit vermitteln kann.

Berührungen und Körperkontakt sind lebensnotwendig für soziale Lebewesen wie Menschen und Hunde. Die Wärme der Haut, das Fühlen des Herzschlags, Atmung und Muskulatur des anderen gibt Ruhe, Sicherheit und Geborgenheit. Das Berührtwerden unterstützt eine verbindliche Aussage, eine klare Ansage und ein ernst gemeintes Lob. Anfassen stärkt die Beziehung zueinander und eröffnet einen Weg, miteinander zu kommunizieren. Ob man jemanden hält, festhält, zurückhält oder fernhält, alles wird ausgedrückt durch die Art der Berührung, die Festigkeit des Griffs, die Bewegung oder Statik im Festhalten. Wer wann und wo festhält, drückt oder zieht, sagt etwas über die Beziehung aus, darüber, wer etwas darf oder eben nicht. Sicherheit, Durchsetzungskraft, Ruhe und Verbindlichkeit fühlt man an einem einzigen Griff, der einen berührt. Berührtwerden kann uns berühren oder auch nicht, je nachdem, wer es wie macht.

Und genauso ist es auch bei Hunden. Dabei ist jede Berührung anders in ihrem Ausdruck. Während das Liegen neben der Hundemutter Wärme spendet, bewirkt es auch noch andere Dinge auf einer anderen Ebene. Es gibt Sicherheit dadurch, dass der Welpe auch im Schlaf fühlt, dass die Mutter da ist. Milch und Schutz liegen wie ein Versprechen direkt an der Haut auf und vermitteln etwas, das keine Worte braucht. Putzt die Mutterhündin ihre Welpen, dreht sie die

Auch Hunde „streicheln" gern zurück. Sie nutzen dafür ihr Maul, was das Gegenstück zu unseren Händen ist.

quengelnden Würmchen resolut auf den Rücken, um den Bauch mit ihrer Zunge zu massieren, so sagt sie noch etwas anderes aus: Ich bin diejenige, die entscheidet! Und ich weiß, was zu tun ist und gut für dich ist! Denn ohne die Zunge der Mutterhündin am Bauch des Welpen kann er anfangs nicht verdauen oder Kot absetzen. Das liebevolle, körperliche Erzwingen dieser Pflegemaßnahme geschieht zum Schutz, auch wenn der Welpe das nicht weiß und sich maulend dagegen zu wehren versucht. Der sanfte, aber ernst gemeinte Schnauzgriff der Mutter, wenn die Welpen älter werden, macht klar: Ich kann mich durchsetzen! Hier sind meine Zähne; dass ich sie nur gehemmt einsetze, liegt an meiner Entscheidung, nicht weil ich es nicht anders könnte. Dem Welpen werden die Durchsetzungskraft und die Bereitschaft der Mutter vermittelt, dass sie ihre Konflikte selbstbewusst austragen würde und körperlich überlegen ist.

Genau wie Hunde setzen auch wir Berührungen ein und vermitteln damit etwas, was Worte überflüssig macht. Ein Händedruck kann Distanz schaffen, durch einen weiter ausgestreckten Arm, der den anderen fernhält, einen festen Druck, der körperliche Kraft präsentiert und sogar als unterschwellige Warnung fungieren kann. Ebenso kann die gleiche Geste, etwas anders ausgeführt, große Sympathie und Nähe ausdrücken, ein Kribbeln im Bauch hervorrufen oder einen innigen Moment erschaffen.

Diese Sprache der Berührung bewusst einzusetzen, ist genauso effektiv und wichtig, wie der Einsatz der Körpersprache, also der bewussten Spannung und Entspannung in der Kommunikation ohne Berührung. Beides gehört zueinander und lässt sich, miteinander verbunden, zu einem wertvollen Ausdrucksmittel machen.

DAS ERSTE WORT WIRD GEFÜHLT UND NICHT GESPROCHEN

Welpen kommen blind und taub zur Welt und können sich kaum bewegen. Was ihnen bleibt, ist der Geruch und die Berührung, um ihre Umwelt wahrzunehmen.

Berührungen sind die ursprünglichste und basalste Form der Kommunikation. Im Mutterleib schon ist das Fühlen der Umgebung das, was dem Organismus Sicherheit vermittelt. Das Erste, was jeden Menschen und jeden Hund in dieser Welt erwartet, ist eine kräftige, sehr intensive Berührung am ganzen Körper, die einen quetscht und drückt und durch den Geburtskanal presst. Vermutlich eine schmerzhafte Erfahrung auch für diejenigen, die geboren werden.

Danach folgt die erste nonverbale und unsichtbare Vermittlung von Fürsorge und Liebe über ein Ablecken der Welpen durch die Mutter. **Noch bevor der Welpe sehen oder hören kann, fühlt er. Und alles, was wichtig ist, wird und muss über das Spüren wahrgenommen werden.** Wärme gibt es nur bei den Geschwistern oder der Mutter, nah am Körper. Eine wichtige erste Erfahrung! Überleben tut, wer enger zusammenrückt.

Hunde müssen nicht nah ran, um riechen zu können. Ihre Nase ist ein Wunderwerk. So nah zu schnuppern hat eine Beziehungsaussage und ist ein Statement.

Zum Prozess der Sozialisierung gehört auch der Körperkontakt zu anderen Hunden. Und das nicht nur im Spiel.

KÖRPERKONTAKT IST LEBENSNOTWENDIG!

Körperkontakt ist für junge Lebewesen, bei Menschen wie Hunden, lebensnotwendig. Versuche haben gezeigt, dass kleine Äffchen einen Mutterersatz, der warm ist und fühlbares Fell hat, einer Milchquelle vorziehen. Sie verenden sogar lieber durch Mangel an Nahrung als durch Mangel an Körperkontakt. Ebenfalls furchtbare Versuche mit Babys haben im 13. Jahrhundert gezeigt, dass Babys heftige Störungen und Krankheiten entwickeln und sogar daran sterben können, wenn sie nicht liebevoll angefasst werden. Und das selbst dann, wenn sie genügend Nahrung und Wärme bekommen. Angefasstwerden und Anfassen ist also die erste Form der Kommunikation im Leben, die wichtiger ist als Essen und Trinken zusammen. Um so besser, diese tief verwurzelte Form der Interaktion nicht einfach verkommen zu lassen und gegen Hilfsmittel auszutauschen, die eher einen Keil zwischen uns und unsere Hunde treiben, wenn sie notwendig werden und das Hingreifen ersetzen. Egal ob Halsband, Leine, Futterbrocken, Clicker, Wurfdisc und Rütteldosen, alle Hilfsmittel sollten nur die letzten Millimeter der Möglichkeiten ersetzen, die eine Berührung nicht ausfüllen kann, und nicht stellvertretend genutzt werden, weil es vermeintlich wirkungsvoller oder einfacher wäre. Fast jedes Hilfsmittel hat seine Berechtigung und ist, irgendwo und irgendwann richtig eingesetzt, gut. Aber es bleibt immer eine Krücke, um den Bereich auszugleichen, den wir mit unseren Händen nicht mehr erreichen können. Wer erst alle Möglichkeiten ausschöpft, sich über Körpersprache und das Einsetzen von Berührungen verständlich zu machen, der kann sich die Hilfsmittel für die Momente aufsparen, in denen es wirklich sein muss.

WUSSTEST DU …

Berührungen und Kommunikation darüber sind in der menschlichen Therapie mit stark eingeschränkten Personen eine oft genutzte Praxis und ein hilfreiches Mittel für die Patientinnen und Patienten (Basale Stimulation).

ANFASSEN IST NICHT FÜR JEDEN

Auch Hunde haben eine empfundene Individualdistanz, und diese ist, wie der Name schon sagt, individuell.

Genauso wie manche Menschen gern jeden umarmen und es lieben, wenn ihnen jemand aufmunternd die Hand auf die Schulter legt, löst genau diese Vorstellung bei anderen fast schon Ekelgefühle aus. Du kennst deinen Hund am besten und wirst wissen, wie gern er in direkten Körperkontakt mit fremden Menschen und Hunden geht. Dabei kann es zu großen Unterschieden zwischen der erwünschten Distanz von Mensch oder Hund kommen. So manch ein Hund kuschelt mit seinen Hundefreunden bereits nach einem einzigen Treffen und weicht der streichelnden Hand einer fremden Person angewidert aus. Ein anderer Hund springt jedem Menschen im ersten Kontakt so nah wie möglich ans Bein oder auf den Schoß, entzieht sich aber mit hochgezogenen Lefzen dem Beschnuppern durch einen anderen Hund.
Wichtig ist für dich, die Unterschiede zu sehen und darauf zu achten, was dein Hund zeigt. Nicht deine eigene Bewertung der Situation ist hier wichtig, sondern das genaue Beobachten: Vielleicht fändest du etwas übergriffig, weil deine eigene Individualdistanz größer ist als die deines Hundes, und projizierst dieses Bedürfnis auf deinen Hund? Oder du magst den Kontakt zu einem Menschen oder zu Hunden und wunderst dich, dass dein Hund das so ganz anders sieht als du?
Versuche deinen Hund zu sehen, wie er wirklich ist, und akzeptiere seine Andersartigkeit in diesem Punkt. Du brauchst nichts daran zu verändern und kannst dich einfach darauf einstellen, angemessen Kontakt für deinen Hund zu kontrollieren.
Will jemand deinen Hund streicheln und du weißt genau, er wird es vielleicht dulden, mag es aber überhaupt nicht? Dann sage höflich, dass der Hund nicht angefasst werden darf, weil er es nicht mag, von Fremden gestreichelt zu werden. **Es muss nicht jeder Mensch jeden Hund anfassen! Hunde haben ein Recht darauf, sich gegen den aufgezwungenen Körperkontakt zu fremden Personen zu wehren. Diese Regel gilt immer und sollte zum Wohl des Hundes beachtet werden.** Liegt also kein Notfall vor, in dem es sich nicht vermeiden lässt, dann gilt es für dich, fremden Menschen direkt und deutlich zu verbieten, deinen Hund anzufassen oder ihren Hund zu ihm zu lassen, wenn dein Hund sich dadurch bedrängt fühlt.
Ganz anders ist die Situation bei Freunden, also bekannten und geliebten Personen. Du solltest also auf jeden Fall deinen Hund anfassen können und dürfen und auch darauf bestehen. Denn du bist seine Vertrauensperson und hast andere Möglichkeiten und Grundlagen, selbst wenn es mal bedeutet, dass du deinem Hund Kontakt aufzwingst. Die wichtigste Grundlage ist, dass ihr euch kennt, liebt und voller Zugewandtheit zueinander seid, dass ihr euch als Freunde seht und eure Freundschaft fest genug ist, um auch Auseinandersetzungen zu tragen und

Hunde, die ohne Menschenkontakt aufgewachsen sind, wie z. B. manche Hunde aus dem Auslandstierschutz, brauchen eventuell eine andere, vorsichtigere Herangehensweise. Hol dir im Zweifel ein professionelles Coaching, bevor du mit den im Buch vorgestellten Techniken startest.

Konflikte miteinander zu einer festeren Beziehung und nicht zu einem Verlust der Freundschaft führen. Wenn du Sorge hast, dass dein Hund durch ein Festhalten und Erzwingen durch dich als Person sein Vertrauen verlieren könnte oder seine Liebe zerbricht, dann solltest du dringend über eure Beziehung reflektieren. Ist das Band so dünn, dass ein kleiner, hundgerechter Konflikt alles zerstören wird? Hast du die Fähigkeit, jemanden zu halten und dich auch körperlich durchzusetzen, ohne ihm dabei schaden zu wollen und ohne deine liebevolle Grundeinstellung zu verlieren? Solange du unterbrechende Maßnahmen, Festhalten und Abhalten als etwas gegen den Hund Gerichtetes empfindest und auslebst, wird es sich falsch anfühlen und falsch sein. Wenn deine Berührung, egal ob von deinem Hund gewählt oder von dir entschieden, wie der feste, aber schützende Griff einer Mutter wirkt, die ihr Kind an der Straße festhält, wenn es gerade im Begriff ist, diese achtlos zu betreten, dann wird es eure Beziehung stärken.

Stell dir vor, dein Hund hat große Schmerzen und muss verarztet werden. Was denkst du, wer sollte ihn festhalten, während es weh tut? Was wäre für ihn am hilfreichsten, auch wenn er sicher nicht dableiben möchte? Dann doch zumindest du, die ihn hält und liebevolle Gedanken sendet. Gerade die Person, der man vertraut und die ihre Liebe auch im Halten und Erzwingen vermitteln kann, ist die Person, die jederzeit Körperkontakt einfordern darf und damit das Vertrauen in jeder Situation aufs Neue stärkt, indem sie den Beweis antritt, dass ihre Berührungen authentisch, durchdacht und zum Nutzen für ein größeres Ganzes sind und nicht für den Ausdruck einer individuellen Laune.

Wer wem nahe kommen darf, sagt etwas über den sozialen Status aus.

INDIVIDUALDISTANZ ODER KONTROLLE?

Hunde, die Berührungen nicht mögen oder gar Angst vor ihnen haben, müssen besonders behutsam an das Angefasstwerden herangeführt werden. Aber hat dein Hund wirklich ein Problem mit der Nähe?

„Er mag das nicht so nah!" Eine gängige Aussage der Menschen, wenn der Hund sich gegen ein Festhalten oder Schieben wehrt. Nun ist es aber wertvoll und wichtig, genau hinzuschauen, was der Hund daran nicht mag. Wie sieht es denn mit der selbst gewählten Nähe aus? Ein Hund, der dem Menschen so nah kommt, dass er ihn berührt, ihm hinterherläuft, seinen Kopf auf ihn legt oder ihn anstupst, der hat ganz offensichtlich kein Problem mit körperlicher Nähe. Das, was ihn stören könnte, ist dann eher, dass es nicht zu seinen Bedingungen abläuft. Frei nach dem Motto: „Ich darf dich jederzeit anfassen, drängeln und stupsen, aber du darfst das nicht!" Hinter der ver-

Aus dem höheren Status heraus darf daher Abstand eingefordert werden.

meintlichen Angst vor dem Festgehaltenwerden steht also eher die soziale Aussage, dass sich der Hund das nicht bieten lassen möchte, dass über ihn derart verfügt wird, wie er über andere verfügt. Das von echter Sorge oder wirklicher Abwehr gegen Kontakt zu unterscheiden, ist notwendig, um sich angemessen anzupassen.

Ein wirklich ängstlicher Hund, der ernsthaft keine Berührungen erträgt, sollte nur mit großer Vorsicht, flachen Händen oder sogar erst einmal gar nicht angefasst werden. Erst wenn ein Vertrauensverhältnis entstanden ist, kann er anfangs mithilfe der Leine an den Körper herangezogen werden, bevor eine Hand nach ihm greift. Bei einer gewachsenen, liebevollen Beziehung ist es durchaus okay, einen Hund, der sich verweigert, zu nötigen, näher zu kommen. Wer keine Angst vor Nähe hat, der kann auch kein Vertrauen verlieren, wenn er Nähe aufgezwungen bekommt. Hunde, die die Regeln für Nähe ausschließlich selbst festlegen möchten, tun gut daran, sich mit durch den Menschen initiiertem Kontakt auseinanderzusetzen. Manchmal muss der Hund auch erst die Hilfe eines Festhaltens erfahren, bevor er es annehmen und aufsuchen kann. Im späteren Verlauf wirst du eine Technik kennenlernen, mit der du deinen Hund in Angst festhältst, wogegen er sich wahrscheinlich wehren wird, zum Beispiel bei Angst vor einem Geräusch. Nicht das Halten macht ihm dabei Angst, er hat sie vorher schon!

Es ist wichtig, sich vor Augen zu halten, dass die Reaktion auf das Gehaltenwerden nicht

die Angst ist oder der negative Reiz, der sie auslöst, sondern nur ein Kanal, durch den das Bedürfnis zu fliehen zum Ausdruck kommt. Er nimmt deswegen weder den haltenden Menschen noch das Anfassen als Bedrohung war, sondern das Geräusch, das seine Angst auslöst. Nur wenn der Hund explizit Angst vor dem Angefasstwerden hat, dann sollte dringend ein Profi hinzugezogen werden, der sich mit Körperarbeit bei ängstlichen Hunden auskennt und die hier vorgestellten Techniken begleitend coachen und anpassen kann.
Dabei werden alle Berührungen langsam und achtsam gesteigert und erst mit den anderen Techniken begonnen, wenn der Hund das Massieren, Kneten des Muskelmantels und das Dehnen ohne Gegenwehr und entspannt ertragen kann. Wenn du nicht sicher bist, dann nimm dir immer die Massage- und Dehnungsübungen als Anhaltspunkt. Kommt der Hund damit im entspannten Umfeld gut klar, dann hat er kein Problem mit der Berührung an sich und auch nicht mit dem Griff in den Muskelmantel. Sind diese Techniken für ihn unerträglich, dann lass ihn bitte untersuchen. Danach kannst du behutsam darauf hinarbeiten, dass sie zur Normalität werden, bevor du weitermachst.

WUSSTEST DU ...
Viele Hunde machen alles so lange gern mit, wie es ausschließlich zu ihren Bedingungen geschieht. Dabei gelten für ihr eigenes Handeln oft andere Regeln. Wer über wen verfügen darf, ist für Hunde eine Frage sozialer Stellung und Position im Miteinander.

Das Durchsetzen von Pflegemaßnahmen ist immer auch ein Durchsetzen des Statusanspruche, auch wenn es ganz liebevoll durchgesetzt wird.

WARUM SIND MANCHE HUNDE KUSCHELIGER?

Ob dein Hund gern berührt wird, hat etwas mit deinem Umgang zu tun und kann sich im Lauf des Lebens ändern.

Je mehr du deinen Hund schon als Welpe streichelst und kuschelst, desto mehr wird er auf diesem Kanal sensibilisiert. Viele Hunde, die ohne Menschen aufgewachsen sind und keinen Kontakt kennen, verweigern zu nahes Liegen oder intensives Streicheln. Sie können manchmal einfach nichts damit anfangen.

Lernt der Welpe dagegen von Anfang an, viel berührt zu werden, dann sucht er erfahrungsgemäß auch später mehr die körperliche Nähe zum Menschen. Das bedeutet, dass liebevolles „Zwangskuscheln" des Welpen neben anderen positiven Effekten auch dazu beitragen kann, dass der Hund im Erwachsenenalter verkuschelter wird. Dazu kommt, dass sich neuronale Verbindungen zu Haut und Tastsinn durch ihre Aktivierung aufbauen. Zu fühlen lässt sich also üben. Was nicht genutzt wird, wird auch nicht angesteuert und umgekehrt. Die Aufmerksamkeit der Sinne lässt sich aber wiedererwecken und durch Stimulation verbessern. Das bedeutet im Klartext, dass auch ein Hund, der es bisher nicht gewohnt war, viel angefasst zu werden, und daher den Kontakt eher ablehnt und als merkwürdig empfindet, lernen kann, ihn zu genießen. Fühlen wir uns also nicht persönlich zurückgewiesen durch die Ablehnung und bleiben dran, dann wird sich das Empfinden auch eines erwachsenen Hundes ändern. Ist ein Hund dagegen ganz plötzlich empfindlich gegenüber Berührungen, dann muss unbedingt medizinisch abgeklärt werden, ob er Schmerzen hat. Auch sehr alte Hunde verweigern oft zunehmend den Kontakt. Liegt es in dem Fall nicht an körperlichen Wehwehchen des Alters, dann kann es sich um ein langsames Zurückziehen und sich Separieren handeln, was viele Hunde als Vorbereitung auf den Sterbeprozess nutzen, um sich in Ruhe aus dem Leben zu verabschieden. Ist dies der Fall, dann würde ich persönlich dazu raten, den Hund in Ruhe gehen zu lassen und nicht noch auf den letzten Metern des Lebens zu beginnen, ihn zu bedrängen. Ist dein Hund also sehr alt und nah am Lebensende, dann übe das Folgende bitte lieber mit dem nächsten Hund, der seinen Weg zu dir findet.

SOZIALE STELLUNG UND BERÜHRUNG

Ist dein Hund weit weg vom letzten Tag, dann gibt es noch einen weiteren Punkt, der darüber bestimmt, ob er gern oder ungern angefasst werden möchte: Sich anfassen zu lassen hat auch immer etwas mit der sozialen Stellung zu tun. So wird ein Hund, der dazu neigt, sich grundsätzlich in einer bestimmenden Position dem Menschen gegenüber zu sehen, Berührungen nur zulassen, wenn sie zu seinen strengen Bedingungen geschehen. Während er selbst Streicheleinheiten einfordert oder Menschen direkt nah

Berührungen nutzen, um Stimmungen zu beeinflussen, ist ein Privileg und mit etwas Übung eine tolle Möglichkeit, artgerecht zu erziehen.

kommt oder sich sogar grenzüberschreitend aufdringlich verhält, möchte er nicht angefasst werden, wenn der Mensch es möchte. Einerseits die Nase ziemlich direkt in den Schritt drücken, dann aber angeekelt den Kopf wegziehen, wenn der Mensch ebenfalls anzufassen versucht. Diese Form, den Zügel in die Hand zu nehmen, hat eine soziale Aussage und ist mehr, als einfach nur nicht wollen. Es ist der Wunsch, die Bedingungen bestimmen zu dürfen. Das ist auch ein Grund, weshalb einige Hunde bei den folgenden Übungen Konflikte der Beziehung, die vielleicht seit Jahren unterschwellig mitgetragen werden, auf den Tisch bringen. Oder dass sie wütend über die Anmaßung des Menschen reagieren und dieser zum ersten Mal sieht, was passiert, wenn er die Regeln bestimmt und den Anforderungen seines Hundes nicht gerecht wird. Da kann es schon mal zu einem unangenehmen Moment kommen.

BEZIEHUNGEN SIND IMMER IM WANDEL UND VERÄNDERBAR

Solltest du also den Eindruck bekommen, dass dein Hund dir in den folgenden Übungen ziemlich unverblümt vermittelt, dass du es dir nicht leisten solltest, die Regeln zu bestimmen, dann halte dir bitte vor Augen, dass dies nur eine Momentaufnahme eurer Beziehung ist und du genau in diesem Augenblick dabei bist, die Weichen anders zu stellen. Wenn dein Hund also nicht gern angefasst wird, egal ob es daran liegt, dass er es nicht gut kennt oder ob er die Verfügung über die Entscheidung als Mittel nutzt, seine Position dir gegenüber zu stärken, bleibe dran und halte durch und fest. Zu kämpfen lohnt sich auch hier mehr als gleich aufzugeben.

ABSTUMPFUNG

Durch harte und unkontrollierte Berührungen können Hunde abstumpfen. Die gute Nachricht: Sie können auch wieder sensibilisiert werden.

SENSIBILITÄT WIEDERHERSTELLEN

Ein Hund, der an der Leine zerrt, als gäbe es kein Morgen, ungebremst in andere Hunde hineinrennt oder den Menschen auf dem Weg zu Tür fast umschubst, kann lernen, seinen Körper aufmerksamer einzusetzen. Dafür ist die erste und wichtigste Regel, alles aus dem Leben zu streichen, was dieses plumpe Übergehen aller körperlichen Grenzen fördert. Das Werfen von Gegenständen, damit der Hund hinterherrennen soll, ist eines dieser Dinge. Das Animieren, sich möglichst schnell über Hindernisse zu bewegen, ein zweites. Langsame, kontrollierte und geführte Bewegungen tun dagegen gut. Laufen über eine einzelne Stange am Boden, sodass jeder Fuß sich kontrolliert, nur ein einziges Mal anhebt und aufsetzt, und dann erst der nächste Fuß. Bei-Fuß-Gehen in Zeitlupe. Eine verbindliche und konsequent eingeforderte Leinenführigkeit, die in winzigen und langsamen Schritten geübt wird. Außerdem ist es notwendig, solche Hunde klar und konsequent, aber mit ganz viel Ruhe und Sanftheit in der Einstellung, immer wieder darauf aufmerksam zu machen, wenn sie überdrehen und körperlich unachtsam sind. Die stehende Parkposition (die du im Lauf dieses Buches noch kennenlernen wirst) jedes Mal durchzusetzen, wenn so ein Hund seine Gefühle über Geschwindigkeit zu überrennen versucht, ist sehr passend. Eine weitere Hilfe für abgestumpfte Hunde ist es, sie in sanften Berührungen und in der Wahrnehmung zu schulen. Leichte Massagen, bewusste, langsame Berührungen der Füße und die Anwendung von Fußgewichten beim Gehen oder Packtaschen auf dem Rücken können die Aufmerksamkeit auf den Körper erhöhen.

Harte, inkonsequente körperliche Maßregelungen und ebenfalls schnelle und stumpfe Reaktionen des Menschen verschlechtern die Situation dagegen. Auch wenn es vielleicht mal notwendig ist, in einer wichtigen Situation fest zuzugreifen oder auch den Welpen situativ und vor allem gezielt so anzutippen, dass er es wirklich mitbekommt. Jedes Eingreifen beim Welpen sollte immer nur so stark sein, wie die Situation es verlangt. Wer schon den jungen Hund für jede Kleinigkeit besonders stark anpackt, der wird eher ein Abstumpfen fördern. Genauso schlimm ist ein inkonsequentes Handeln. Immer wieder androhen, bis man die Geduld verliert, und dann übermäßig eingreifen, macht Hunde taub auf den Ohren und am Körper.

Je variantenreicher deine Berührungen sind, in allen Situationen, desto variantenreicher kann auch die Reaktion deines Hundes werden. Je öfter du das Fühlen des Körpers

Körpersensibilität kann vom Welpenalter an bewusst gefördert werden. Dafür ist es notwendig, angepasst und differenziert zu berühren.

Immer sehr hart oder übertrieben zaghaft anzufassen, vermindert die Erfahrungsbandbreite des Hundes.

ansprichst, an allen Stellen und in allen verschiedenen Intensitäten, desto „körperintelligenter“ wird dein Hund handeln, auch wenn er mit anderen Menschen oder Tieren im Kontakt ist.
Leider wird manchmal im Hundetraining vermittelt, dass Gefühlsübertragung gegenüber Hunden möglichst laut und extrem stattfinden sollte. Sei es durch laute Geräusche der Unterbrechung oder übertriebenes Quieken und Kreischen, wenn der Hund etwas fein gemacht hat. Beides macht den Hund unempfindlich auf leise Reize. Fein zu reagieren und leise Töne wahrzunehmen, wird eben dadurch gelernt, dass der Mensch fein und leise kommunizieren kann und das auch mit dem Hund tut – in Verbindung mit einem vorzeitigen Eingreifen bei Fehlverhalten, noch lange bevor der Hund nicht mehr ansprechbar ist. Insbesondere die Massageübungen, aber auch die Leinenführigkeit über den Griff in den Muskelmantel in großer Ruhe und sehr kleinen Schritten ohne Ablenkung (beides lernst du bald schon genauer kennen), sind für abgestumpfte Hunde Balsam.
Viele vermeintlich stumpfe Hunde fühlen an Stellen ihres Körpers zu wenig und kompensieren das über mehr Druck auf die bekannten Regionen des Körpers. So kann es sein, dass dein Hund vorn am Körper sehr aktiv ist und intensive Berührungen übertrieben stark aufsucht, zum Beispiel durch das Zerren an der Leine oder Schubsen mit der Schulter. Hier ist eine Dysbalance zwischen den Körperregionen (vorn und hinten) entstanden und festigt sich immer wieder neu. Durch das wiederholte Aktivieren der Sinne an den Hinterbeinen, Hinterfüßen und der Rute zum Beispiel werden dort die neuronalen Verbindungen mit mehr Aufmerksamkeit durch das Gehirn bedacht und das Körpergefühl erweitert sich.

Genauso kann eine Dysbalance zwischen dem oberen und unteren Teil eines Hundes aus den Fugen geraten sein. Zu viel oder zu wenig Aktivierung der Nervenbahnen am Körper können auch beim erwachsenen Hund Auswirkungen auf psychische Prozesse haben oder diese zum Ausdruck bringen. In der Massage und dem bewussten Streicheln in Ruhe können wir ein Gegengewicht setzen und die Areale neu aktivieren.

WUSSTEST DU …

Die Körpersensibilität hat nichts mit der Körpergröße eines Hundes zu tun. Ein sehr großer Hund kann sehr zart im Fühlen sein und ein kleiner taub im Gefühl und umgekehrt. Hunde kommen zwar mit unterschiedlichen Grundvoraussetzungen zur Welt, je nach Rasse und Typ, können aber alle in Sensibilität geschult werden.

WAS DEINE HÄNDE VERMITTELN KÖNNEN

Deine Hände sind dein wichtigstes Werkzeug und das, womit du Dinge erfühlst und erkundest. „Etwas in die Hand nehmen" heißt, etwas selbst angehen und lenken.

ANFASSEN UND KÖRPERSPRACHE

Ein bewusstes Anfassen des Hundes geht immer auch mit einer bewussten Körpersprache einher. In den Übungen gehe ich darauf ein, wie dein Körper zum Hund hin- oder vom Hund weggeneigt sein sollte und an welchen Stellen du auf eine Anspannung im eigenen Körper achten musst, um die Aussage deiner Hände zu verstärken und nicht kaputt zu machen.

Wenn du dir vorstellst, dass du eine Person von etwas abhalten möchtest, dann wird schnell klar, wieso es wichtig ist, auf beides zu achten. Hältst du den anderen mit schwachem Griff an der Schulter, lässt wieder los und greifst dann zur anderen Schulter, ziehst

Hunde fordern Bewegungen und Statik ein. Hier wird durch Körpersprache und Berührung ein Wegspringen eingefordert, um Raum zu geben.

Über eine feste Berührung in drohender Körpersprache wird hier abgestoppt und Statik erzwungen, um den eigenen Status zu festigen und sich durchzusetzen.

die Hand zurück, nur um sie dann direkt wieder übermäßig fest gegen die Schulter zu „patschen", dann ist klar, dass du nicht sehr überzeugend wirken wirst. Obwohl du dein Gegenüber körperlich zurückzuhalten versuchst, drückst du umso mehr aus, dass du eigentlich nicht weißt, ob du dich wirklich durchsetzen kannst, und deiner eigenen Handlung nicht traust. Sprichst du dazu auch noch schnell und mit bebender Stimme, verstärkt sich der Eindruck der Inkompetenz noch. Und wenn du dann auch noch mit flackerndem Blick umherschaust, schnell und flach atmest und einen Schritt nach hinten machst, hast du spätestens verloren. Egal was du gesagt hast, man wird dir nicht glauben und du wirst dich nicht durchsetzen können. Ganz anders, wenn du einfach nur klar und ruhig zur Schulter des anderen greifst, ohne zu zögern fest deine Hand drauflegst, sie dort hältst und dich aufrecht und kraftvoll entgegenstellst, mit festem Blick und aufgerichteten Schultern einen Schritt auf den anderen zugehst, ihm in die Augen schaust und mit voller Stimme „Stopp!" sagst. Das könnte wirkungsvoll sein, egal wer von euch beiden körperlich stärker ist. Wie du dastehst, schaust, atmest und selbst, was du in dem Moment denkst, hat einen Einfluss darauf, ob das gleiche Drücken an der Schulter dafür sorgen wird, dass der andere dich ernst nimmt und stehen bleibt oder einfach weitergeht. So auch mit allen anderen Dingen. Wie du jemanden in den Arm nimmst, um ihn zu trösten, kann aufbauend und stützend, aber auch herunterziehend wirken und das Gefühl vermitteln, man würde dir als Tröster etwas antun, wenn man nicht sofort aufhört zu weinen – eben je nachdem, in welcher Stimmung, Körpersprache und Art der Berührung du deine Umarmung gestaltest.

Unsere Hunde nehmen diese Unterschiede ebenfalls wahr. Festhalten ist nicht gleich Festhalten, und Streicheln ist nicht gleich Streicheln. Eine Berührung kann ein tröstender Support sein oder etwas, was eine schwierige Situation noch verschlimmert. Auch ein nett gemeintes Streicheln kann eine Situation verschlechtern. Auch ein Festhalten kann ein Losstürmen auslösen und ein Greifen in den Pelz kann abperlen wie an Teflon, wenn die Finger die falsche Information transportieren.

01

02

Berührungen können uns manipulieren, im Guten wie im Schlechten:
Wusstest du,

— dass Servicekräfte in der Gastronomie mehr Trinkgeld bekommen, wenn sie gezielt kleine Berührungen in den Kontakt einfließen lassen? Und das, obwohl jetzt fast alle Lesenden denken werden: „Igitt! Bei mir würde das nicht klappen!“
— dass in der Politik gezielt eine Hand fester gedrückt, eine zweite Hand aufgelegt wird, weil das eine empfundene soziale Stellung unterstreichen soll?
— dass in Schulungen für Führungskräfte gezeigt wird, wie man Berührungen so einfließen lassen kann, dass sie Überlegenheit suggerieren, oder Verkaufsschulungen lehren, wie man Vertrauen durch sie erschafft?

Gut angewendet, funktionieren diese Methoden durchaus. Werden sie genutzt, um anderen etwas anzudrehen, ihnen zu schaden oder sich zu seinem eigenen Besten durchzusetzen, dann ist das eine moralisch fragwürdige Manipulation. Werden sie aber wie in Therapien und bei Hilfsmaßnahmen dazu verwendet, etwas zum Besseren zu wenden, dann können sie allen Beteiligten helfen. Alle Techniken in diesem Buch sollen zu einem besseren Zusammenleben für beide Seiten führen, zu mehr Freiheit und Ruhe bei Hund und Mensch, zu einem schöneren, intensiveren Kontakt, einem sichereren Umgang miteinander. Das ist meine Grundeinstellung und sollte auch deine sein, damit du aus den vorgestellten Techniken den vollen Nutzen ziehen kannst.

01 Der jüngere Hund muss stillhalten und darf trotz der Provokation nicht reagieren. Er wird durch das Aufreiten festgehalten.

02 Diese Geste hat keinen sexuellen Hintergrund, sondern ist ein reiner Ausdruck der sozialen Position der beiden Rüden zueinander.

Hände sind Greif- und Kommunikationswerkzeuge, genau wie das Maul vom Hund.

HÄNDE VERSTECKEN NICHTS

Zitternd, zur Faust geballt, ringend oder entspannt, in den Händen zeigen sich Emotionen direkt, fast wie im Gesicht.

HÄNDE LÜGEN NICHT

Hände sind bei uns das, was für Hunde das Maul ist. Es sind unsere Werkzeuge für alles, Hände lügen nicht. Sie verraten, wie schnell unser Blut fließt, wie stark wir sind, wie kraftvoll unsere Intention ist und wie geschickt wir uns bewegen können. Hände zeigen, wie reaktionsschnell wir Ideen in Taten umsetzen. Hast du schon mal jemandem die Hand geschüttelt, der seine kalte, weiche Hand ganz lasch in deine gelegt hat? Hat dieser Mensch dazu noch Blickkontakt vermieden und die Schultern hängen lassen? Du weißt genau, welchen Eindruck du durch diese kleine Geste allein dadurch bekommen kannst, wie dir jemand die Hand schüttelt. Wäre das der erste Mensch, den du in einer gefährlichen Situation um Hilfe bitten würdest, um dich zu verteidigen? Wahrscheinlich nicht. Oder jemand, der bei der Umarmung den maximalen Abstand zu dir hält, mit angespanntem Oberkörper und zurückgezogenem Kopf möglichst schnell an deiner Schulter vorbeihuscht und dir mit festen Händen kurz und schnell mit den Fingerspitzen auf die Schultern klopft, als wärest du klebrig. Wäre das jemand, von dem du dich in der schwersten Stunde gern tröstend in den Arm nehmen lassen würdest?
Ob Hunde unsere Gesten als liebevoll, schützend, unterbrechend oder abstoppend empfindet, ist von den gleichen Kriterien abhängig. Und diese können geübt und gelernt werden. Das wird nicht nur die Beziehung zu deinem Hund verändern, sondern auch deinen Umgang mit Menschen anders in Frage stellen und dir vielleicht sogar helfen, in deinem ganzen Wirken mit anderen Lebewesen klarer und sicherer umzugehen.

Wir sollten viel reflektierter mit der Bewertung von Berührungen umgehen lernen. Der Hintergedanke, Nutzen und Kontakt, der durch sie entsteht, entscheidet situativ über Richtig oder Falsch und nicht die Form.

☞ VON FREIHEIT UND ZWANG

Ist es denn okay, den Hund zu zwingen? Zwang gehört zum Leben und ist das Gegenstück zu Freiheit. Ohne das eine kann es das andere nicht geben.

HUNDEHALTUNG IST NIE ZWANGSFREI

Das Aufstellen eines Gartenzauns oder das Festhalten des Hundes an einer Leine sind Anwendung von körperlichem Zwang. Nur eben nicht durch unsere Hände, sondern durch Gerätschaften. Der Hund wird davon abgehalten, zu tun, was er eigentlich tun möchte. Hunde dürfen nicht fressen, wann und was sie wollen, nicht hingehen, wohin sie wollen, sich nicht einfach fortpflanzen und nicht entscheiden, wen sie beißen. Wir zwingen sie sogar, bei uns zu leben, denn kaum ein Hund sucht sich seine Leute freiwillig aus, sondern wird gekauft oder aus einem Tierheim geholt. Er muss mit unserer Entscheidung leben, in unserer Nähe zu sein, von uns abhängig zu sein und bei uns zu bleiben, auch wenn er uns liebt und glücklich ist damit.
Natürlich geschehen diese Zwangsmaßnahmen alle zum vermeintlich Besten des Hundes und sind langfristig in seinem Sinne. Das sehe ich genauso. Auch ich habe einen Gartenzaun, und meine Hunde dürfen nicht alles machen, was sie wollen. Damit unterliegen sie einem Zwang, der von meiner Weltsicht und meinen moralischen Vorstellungen geprägt ist. Zwangsfrei ist Hundehaltung daher niemals. Die Frage ist also weniger, ob der Hund zu etwas gezwungen werden darf, sondern eher, bis wohin Zwang okay und zum Besten des Hundes ist und ab wann Zwang angewendet wird, um egoistische Ziele zu erfüllen, die dem Hund schaden. Ob wir den Hund nun an einer Leine festhalten oder am Muskelmantel, macht es nicht mehr oder weniger zu Zwang. Nur bietet das eine noch eine Möglichkeit, sich persönlich einzubringen und den Konflikt auszutragen, anstatt sich hinter der „bösen" Leine zu verstecken, die dann ja die Schuldige ist.
Ich bin jemand, die eher dazu rät, zu notwendigem Zwang zu stehen und ihn auch selbstbewusst als von mir auferlegten Zwang zu kommunizieren. So hat der Hund zumindest einen echten, lebendigen Ansprechpartner für diesen Konflikt, denn Zwang löst nun mal auch Gegenwehr aus. Was dazu gehört, ist aber die Reflexion, ob mein Zwang notwendig ist, um auch für den Hund eine Verbesserung zu schaffen.
Ein eigenes Selbstwertgefühl ist notwendig, um sich darüber klar zu sein, dass man als Mensch geliebt wird, auch wenn man etwas unterbindet. Als Mensch ist man meist DER, oder zumindest einer der wichtigsten Sozialpartner auf der ganzen Welt für den Hund. Und das nicht, weil man immer alles erlaubt oder keine eigenen Interessen durchsetzt.

Ob wir wollen oder nicht, Hunde unterliegen Zwängen im Leben. Diese sollten daher bewusst zum Besten des Hundes genutzt werden, anstatt sie zu verleugnen.

Hunde sind zu echten Beziehungen fähig. Das bedeutet, dass sie auch uns als Individuen mit all unseren angenehmen und unangenehmen Seiten von Herzen lieben können und das auch tun! Den Hund zu etwas zu zwingen oder gegen seinen Willen abzuhalten führt nicht zum Verlust von Liebe. War die vermeintliche Liebe nur darauf aufgebaut, dass alle Bedürfnisse des Hundes über die des Menschen gestellt wurden, dann war es nie Liebe. Ich als Mensch darf meine Bedingungen des Zusammenlebens beim Hund auf faire und verständliche Art einfordern. Meine Einstellung macht den Unterschied, ob ich langfristig im Sinne des Hundes handle, ihn schütze oder eine Entscheidung für ihn treffe, die ihm guttut, obwohl er es nicht weiß und nicht einsehen kann.

Ein Zwang, der aus Lust an der Unterdrückung und Machtmissbrauch entsteht, ist aus meiner Sicht grundsätzlich und immer abzulehnen, egal ob mit einem Hilfsmittel ausgeübt oder körperlich durchgesetzt.

Du wirst hier im Buch einige Techniken kennenlernen, die sich dem Festhalten widmen, während der Hund einen anderen Plan verfolgt. Nur dass hier die Leine durch die Hände ersetzt und die Sache dadurch wesentlich persönlicher wird. Persönlicher in jeder Hinsicht. Aus dem Rückzug hinter einen leblosen Gegenstand wird plötzlich eine direkte Auseinandersetzung, und das kann eine Herausforderung für beide Parteien sein. Aber es birgt auch die Chance auf einen lebendigen und echten Kontakt, auf klärende Streite und ein gegenseitiges Kennenlernen. Es kann sein, dass das Weglassen eines Hilfsmittels dir den Zwang in deinem Handeln plötzlich sehr intensiv vor Augen führt und dich erschreckt, weil das vorher durch die Hilfsmittel verborgen wurde. Bleibe also wachsam mit dir und deinen Gedanken und hinterfrage zu jeder Zeit, ob es der Zwang ist, der dich gerade stört, oder die Tatsache, dass du dich nicht mehr hinter einem Hilfsmittel verstecken kannst und persönlich dazu stehen musst. Bleibst du dem Hund innerlich zugewandt und nutzt deine Techniken, um euer beider Leben zu verbessern und für euch beide einen Nutzen zu erschaffen, dann wirst du die heilsame Kraft des echten und unverstellten Kontakts erleben, auch im Konflikt. Du wirst merken, dass deine Einstellung den Unterschied macht, deine Absicht und deine Gedanken und nicht die Tatsache, dass du deinen Hund hältst, obwohl er sich lieber frei bewegen würde. Und du wirst merken, dass es am Ende zu einer großen Nähe, zu mehr Vertrauen, mehr Innigkeit und mehr Kontakt führt, als es jemals zuvor gab. Denn Regeln geben Sicherhei,t und Grenzen geben einen Rahmen, in dem man sich frei bewegen kann.

Jedes soziale Lebewesen ist darauf ausgelegt, sich unbeschadet anpassen und fügen zu können – eine Grundfertigkeit, ohne die ein Miteinander unmöglich wäre.

Den anderen mit dem eigenen Körper zu bewegen ist typisch Hund. Dabei ist weniger nur die Kraft als eher die Körpersprache und die eigene Überzeugung in der Berührung wichtig.

HUNDE SPRECHEN DURCH DEN KÖRPER

Hunde diskutieren nicht mit Worten und sagen sich auch nicht, dass sie sich lieben. Sie zeigen es mit Taten. Diese Taten sind körperlich.

Es ist auch für uns eigentlich intuitiv, denn auch für uns ist Sprache nur eines unserer Kommunikationsmittel. Die Bewegungen und Anspannungen des Körpers, wie wir uns dem anderen zuwenden, und unsere Mimik machen den größten Teil dessen aus, was wir senden und empfangen, genauso wie das Anfassen auch für uns über alle sprachlichen Grenzen hinaus für jeden Menschen verständlich ist.
„Jemanden bei der Hand nehmen" sagen wir, wenn wir helfen, und „den Bauch pinseln" wir, wenn wir schmeicheln und loben. Die Kommunikation über Berührungen ist also etwas, das uns inneliegt, aber oft neu erlernt werden muss. Intuition, authentische Reaktion, aber auch Wissen und bewusster Einsatz des Körpers kommen hier zusammen, denn nur Intuition allein wäre auch impulsiv, vielleicht unfair oder über das Ziel hinausgeschossen.
Ein bisschen denken kommt hier also zum Fühlen dazu, damit es wirklich perfekt wird.

Schön zu sehen: Der Hund, der sich durchsetzt, ist klar, angespannt und bewegt sich gezielt, während der, der bewegt wird, reaktive und unkontrollierte Bewegungen zeigt.

Hunde sprechen nicht. Sie verstehen keine Worte, und diese zu lernen ist mühsam für sie. Hunde sind körperlich. Sie schubsen sich, rangeln spielerisch, drängen sich zur Seite, klammern sich fest, prügeln sich, beißen, belecken die Wunde eines Freundes und kuscheln sich liebevoll aneinander. Hunde brauchen in dieser Form der Kommunikation nichts lernen, sie beherrschen diese Techniken bereits. Indem wir einen Schritt auf sie zugehen, weg vom menschlichen Reden und hin zur hundetypischen Art, die gleichzeitig auch unsere Art ist, treffen wir uns in der Mitte auf der Ebene, auf der wir beide verstehen und uns ausdrücken können. Und was gibt es Schöneres, als von seinem Hund verstanden zu werden und in echten Kontakt zu kommen?
Genau da endet das bloße Kuscheltierdasein des Hundes. Nehmen wir ihn ernst, als ein erwachsenes, selbstständiges Lebewesen, als Kommunikationskünstler und Persönlichkeit, die mitreden und mitfühlen darf!

Auch Zuneigung wird unter Hunden durch liebevolle Berührungen ausgedrückt.

WAS EINE BERÜHRUNG *— so besonders macht*

03

01

02

04

1. VERBINDLICHKEIT VERMITTELN

Über einen Griff, seine Festigkeit und Kraft, kannst du ausdrücken, wie ernst du etwas meinst und wie verbindlich man deine Anweisungen sehen sollte. Du sparst dir Lautwerden oder andere unangenehme Ausbrüche.

2. INDIVIDUELLE ANSPRACHE

Nur der Hund fühlt, was du sagen möchtest, und die Umwelt ist egal. Dein Griff fokussiert sich auf den Hund, schließt weitere Hunde in der Ansprache aus und macht klar, dass es hier nur um dich und deinen Hund geht und um niemand anders.

01 Selbst ein sehr naher Kontakt muss nicht zwangsläufig sehr persönlich oder intim sein.

02 Die gleiche körperliche Nähe wirkt mit geliebten Menschen plötzlich ganz anders.

03 Je besser man sich kennt, desto differenzierter die Wahrnehmung: Eine zarte Berührung kann trotzdem eine sehr große Aussage haben. Selbstverständlichkeit und Beiläufigkeit kommen aus tiefem Vertrauen und aus Verbundenheit.

04 Verbindlichkeit und die Bereitschaft, Verantwortung zu übernehmen, lassen sich in einer Berührung ausdrücken. Eine Hand zu halten kann völlig unterschiedliche Bedeutungen haben.

3. PERSÖNLICHE NOTE

Deine Hände sind einzigartig. Mit der Berührung machst du gleichzeitig nonverbal klar, dass du es bist, du ganz persönlich. Es ist so wie dein Fingerabdruck und kann dir zugeordnet werden, ohne dich zu sehen, zu hören oder Kontakt mit dir aufzunehmen.

4. TRANSPORT VON GEFÜHLEN

Die Art, wie angespannt oder entspannt deine Hände sind, ob sie sich schnell oder langsam bewegen, sanft oder fest drücken, transportiert deine Gefühle und Bedürfnisse über die Haut direkt an den Körper des Hundes.

5. HUNDEGERECHTE KOMMUNIKATION

Körperliche Interaktionen sind „typisch Hund" und für ihn verständlich und einschätzbar, ohne extra gelernt und einkonditioniert werden zu müssen. Mit ihm sprichst du automatisch eine Sprache, die jeder Hund sofort versteht.

6. EINFÜHLEN IN DEN ZUSTAND DES HUNDES

Du nimmst über deine Hände wahr, wie sich dein Hund fühlt. Durch den Grad der Muskelanspannung, den Herzschlag, die Bewegung und die Art, wie er sich andrückt oder von dir weg zieht, kannst du einschätzen, was in ihm vorgeht.

7. DIREKTE EINFLUSSNAHME OHNE HILFSMITTEL

Deine Hände kannst du nicht zu Hause vergessen. Du brauchst sie nicht anzutrainieren und mit keinem Kommando verknüpfen. Deine Hände sind jetzt und sofort da und jederzeit einsetzbar.

8. SCHNELLERES HANDELN

Das Agieren mit den Händen trainiert und zwingt dich zu schnellen, klaren Reaktionen und damit auch dazu, dir Situationen bewusster zu machen, um schnell reagieren zu können. Während Hilfsmittel eine gewisse Trägheit fördern können, lehrt dich das Anfassen, feste Entscheidungen zu treffen und durchzusetzen, was du entschieden hast.

WUSSTEST DU …

Der Tastsinn unserer Hände lässt sich fördern und durch Übung verbessern. Wenn du dich aktiv schulen möchtest, berühre bewusst viele unterschiedliche Strukturen: Grabe in Erde, knete Keksteig oder such in einem Glas Murmeln blind die eine größere Murmel. Je öfter wir unsere Hände zum aktiven Fühlen einsetzen, desto kleinere Veränderungen nehmen wir wahr.

WAS DU DRINGEND BRAUCHST

— *eigene Kompetenzen*

1. SICHERHEIT IM HANDELN UND DAMIT FESTE ENTSCHEIDUNGEN

Wo du hin willst und was dein Ziel ist, muss festgelegt sein, bevor du versuchst, deinen Hund zu bewegen. Ohne Ziel kannst du nicht lenken. Deswegen geht es in diesem Buch viel darum, Entscheidungen zu treffen, was du erreichen und aussagen möchtest, damit deine Anweisungen nicht nur Techniken, sondern tief gefühlte und vom ganzen Körper transportierte Wahrheiten sind.

2. BEWUSSTER UND ACHTSAMER UMGANG MIT DEM HUND

Wer eingreifen und leiten will, der muss auch beobachten. Die wichtigste Aufgabe einer Führungspersönlichkeit ist es, das große Ganze im Auge zu haben, abzuschätzen, was wann zu tun ist, und dann ihre Entscheidungen klar zu kommunizieren und zur Not sicher durchzusetzen. Führen bezieht sich nicht nur auf das Verhalten des Hundes, im Gegenteil, Führen ist nicht der Fokus auf den anderen, sondern der Fokus auf alles: Auf sich selbst, den anderen, alle anderen, die Situation, die Zukunft, die Gegenwart und die Vergangenheit. Ein achtsames Einlassen auf den Hund ist keine Verschmelzung mit ihm und darf nicht zur Folge haben, sich selbst zu vergessen oder sich seiner selbst nicht bewusst zu sein.

3. SELBSTREFLEXION ÜBER UNSEREN EIGENEN KÖRPER UND UNSERE FÄHIGKEITEN

Führung beginnt bei dir, nicht beim Hund. Deswegen geht es auch um das Bei-sich-Bleiben, das Fokussieren und das Reflektieren von dir und deinen Gefühlen und Anweisungen. Du musst wissen, wer du bist, wo du stehst und was du tust, um sicher anleiten zu können, was dein Hund tun soll.

4. IMPULSKONTROLLE

Wer anleiten möchte und ernst genommen werden will, der sollte bewusst und kontrolliert handeln und impulsive Ausbrüche vermeiden. Je langsamer und geplanter du arbeitest, desto leichter wird das, auch wenn du sonst ein eher impulsiver Mensch bist. Eine gute Vorbereitung, Planung der Übungssituationen und Geduld mit sich selbst sind dafür notwendig.

5. DER WILLE, SICH WEITERZUENTWICKELN UND ZU LERNEN

Alle Übungen sind nur dann effektiv, wenn du bereit bist, in Kommunikation mit deinem Hund zu treten. Auch wenn das bedeutet, dass ihr euch streiten könntet. Auch wenn es heißt, dass du vielleicht Missstände fühlst und Wahrheiten von deinem Hund gespiegelt bekommst, an denen du wachsen kannst. Hier geht es um mehr als ein Streicheln oder zur Unterbrechung ins Fell zu greifen. Das große Ganze muss im Blick behalten werden. Hunde sind komplexer und sozial intelligenter als reine Konditionierungsmaschinen, in die man zum sekundengerechten Zeitpunkt die richtige Münze einwirft. Bleib offen für Gefühle, für Fragen und In-Frage-Stellen deiner Handlungen. Behandle und sieh den Hund als intelligentes, sozialkompetentes Lebewesen mit eigenen Einstellungen und Ansichten, die nicht alle von dir abhängig sind. Du bist vielleicht das andere Ende der Leine, aber du bist nicht der Charakter deines Hundes, und nicht alles, was dein Hund denkt und fühlt, hat mit dir zu tun. Nimm ihn als selbstständige Persönlichkeit ernst mit seinen Ecken und Kanten und seinen eigenen Fähigkeiten, ohne gleich alles dir, deiner Unfähigkeit oder deiner besonderen Kompetenz zuzuschreiben. Und nimm dich selbst genauso ernst in dem, was du erwartest und erwarten kannst, in dem, was du gut kannst und was du noch lernen darfst. Auch du bist du und nicht dein Hund. Erst wenn ihr beide als eigenständige Wesen dasteht und für euer jeweiliges Verhalten ein- und geradesteht, könnt ihr auch zu einem Team verschmelzen, das gemeinsam geradeaus schaut und sich nicht gegenseitig in die Augen starrt, um nach Antworten zu suchen.

6. ANATOMIEBEWUSSTSEIN

Um den Hund festhalten, ziehen, drücken und halten zu können, ist es erstmal wichtig, genau zu wissen, was ihm weh tut und was nicht. Auch wie er sich überhaupt bewegen kann, muss man wissen, wenn man ihn über Druck am Körper in eine Bewegung bringen möchte. Wie sich ein Hund biegen kann, was ungesund und was herstellbar ist, gehört also zur Grundkenntnis, bevor es losgehen kann. Der erste Teil der Praxisübungen ist deswegen dafür da, dir die Anatomie und die körperlichen Möglichkeiten und Bewegungsmuster des Hundes näherzubringen.

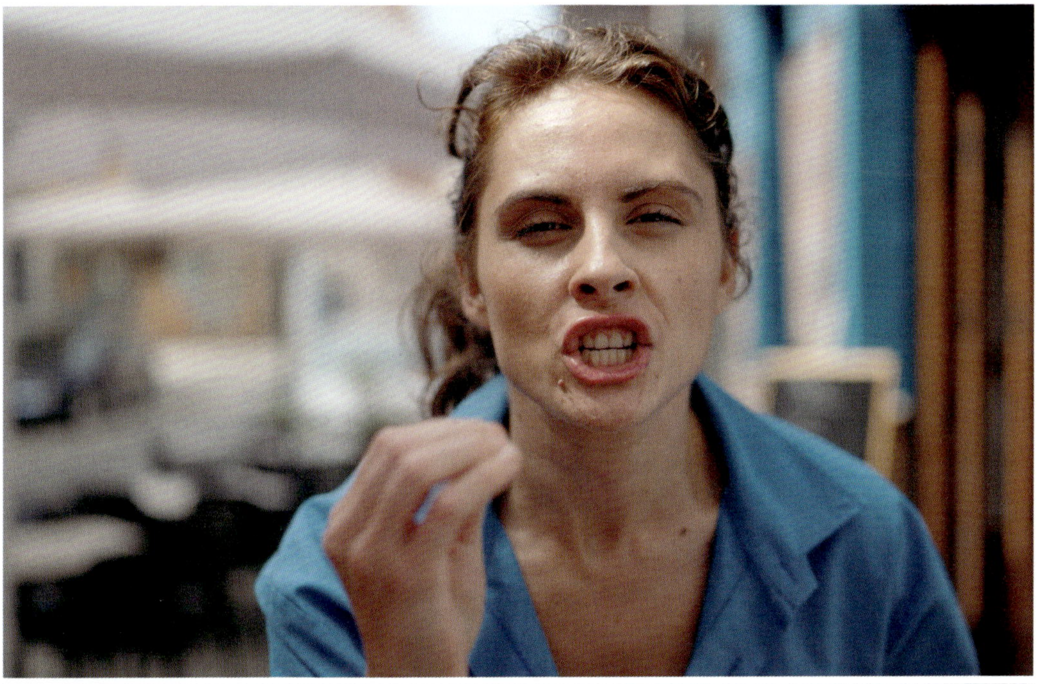

Die eigenen Impulse im Griff zu haben ist die erste Regel für Führungskompetenz! Wut ist kein guter Berater in der Erziehung.

HILFE! TECHNIKEN!

Im Gegensatz zu meinem letzten Buch, „Hunde lesen lernen", bekommst du hier Anleitungen, um Einfluss auf das Verhalten deines Hundes zu nehmen. Das kann nur schiefgehen? Packen wir's an!

Die Überlegung, genaue Beschreibungen von Techniken in einem Buch zu schildern, habe ich lange mit mir herumgetragen. Was, wenn es falsch gemacht wird? Nicht verstanden wird, was wichtig ist oder wenn jemand einfach ein direktes Coaching brauchte? Mir ist vollkommen bewusst, dass nicht alle Lesenden den Inhalt dieses Buches verstehen werden und trotz Vorbereitung und dem Beweis eines entspannt massierten Hundes von schmerzhaften Techniken sprechen werden. Ich weiß, dass es eine bestimmte Klientel zum Anlass nehmen wird, mich mit Hundekeksen steinigen zu wollen, aber was nutzt es, wenn selbst die Profis mittlerweile Angst haben, zu erklären, was okay ist und was nicht, weil sie die polemische Abweisung fürchten? Wenn wir Profis nichts mehr sagen, uns nichts mehr trauen und vermeiden, Wissen zu vermitteln, weil

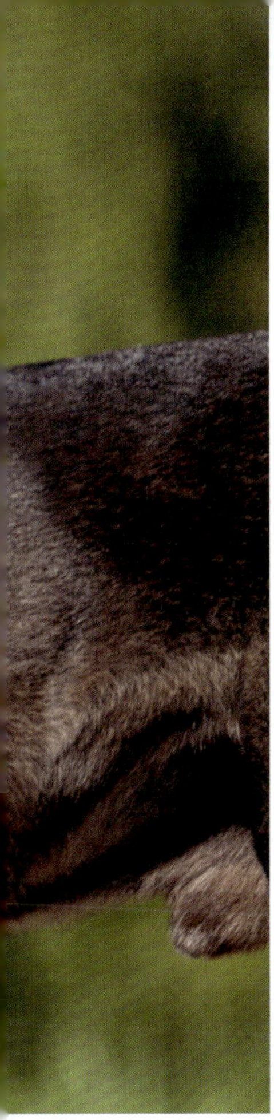

Wer Techniken vermittelt, kann eventuell falsch verstanden werden. Wer sie nicht vermittelt, wird sicher nicht verstanden.

es jemand in den falschen Hals bekommen könnte oder irgendein Laie mit schlicht ausgedachten Unwahrheiten dagegen wettert, dann ist das für alle schlecht, vor allem für die Hunde, die unter dem Schwarz-Weiß-Denken leiden, dass jede Korrektur eines Verhaltens, jedes Aufhalten oder Abgrenzen als Gewalt tituliert wird und den Unterschied zwischen Wut und Abgrenzung, zwischen Grenzensetzen und Rache nie erlebt haben. In diesem Buch wird es um das gesamte Spektrum der Beziehung gehen, um Nähe, Liebe, Distanz, Streit, Abgrenzung, Durchsetzung und Selbstreflexion im Kontakt. Denn das sind alles Dinge, die dazugehören, und sie auszugrenzen oder nicht sehen zu wollen, macht sie nicht weniger wichtig, sondern nur mysteriös, und jeder kocht im stillen Kämmerlein sein eigenes Süppchen, ohne Anleitung zu bekommen. Grenzen zu setzen gehört dazu, und sie nicht zu lehren, entfernt weder ihre Notwendigkeit noch dass Menschen sie setzen. Aber wenn sie es tun, dann doch lieber gerecht, angepasst und durchdacht – eben zum Besten des Hundes. Vielleicht ist nicht jede Technik bei deinem Hund notwendig. Vielleicht springt er nicht an dir oder anderen Menschen hoch und vielleicht bellt er keinen anderen Hund an. Dann lass diese Techniken aus. Ein Buch ist immer nur so hilfreich, wie seine Leserschaft mitdenkt. Niemand zwingt dich, etwas umzusetzen, und vielleicht findest du kleine Abwandlungen der Techniken, die für dich und deinen Hund gut funktionieren. Die Frage ist nicht, ob du alles nach Anleitung in jedem Punkt umsetzen möchtest, es soll dir und allen anderen nur die Chance geben, es tun zu können, falls du es willst.

Ich habe mich dazu entschieden, dass gar nichts zu erklären immer noch schlechter ist, als es nach bestem Wissen zu erklären und ein paar Leute einfach nicht zu erreichen oder nicht vermitteln zu können, was gemeint ist. Dieses Risiko gehe ich ein, denn damit haben alle, die mitdenken, die mitfühlen und lernen wollen, die Chance, das auch zu tun, und das ist mir wichtiger. Ich möchte die Chance nutzen, etwas zu erklären und zu zeigen, was sich andere nicht trauen, damit jeder Mensch, der es liest, selbst entscheiden und ausprobieren kann, was funktioniert und was nicht. Damit gebe ich die Verantwortung zurück an die Lesenden und durchbreche den Trend von „Das können die alle eh nicht!“. Ich freue mich, wenn ich mit meiner Einschätzung richtig liege, und hoffe darauf, dass die Rechnung aufgeht. Und falls nicht, dann habe ich zumindest alles gegeben, um mein Wissen in die Welt hinauszutragen und es anzubieten. Bleib also aufmerksam und selbstbestimmt.

01

DIE ERSTE ÜBUNG – ALLES LESEN!

Am besten läuft's, wenn man erst alles verstanden hat und sich einen guten Plan zurechtlegt!

BEVOR DU LOSLEGST

Bevor du mit den einzelnen Übungen beginnst, bitte ich dich sehr eindringlich, erst das ganze Buch zu lesen und genau zu planen, welche der Übungen du brauchst, ob es notwendig sein könnte, deinen Hund mit einem Maulkorb abzusichern, ob vielleicht erst andere Schritte passieren müssen, wie eine tierärztliche Untersuchung oder Behandlung, ein angepasstes Verhaltenstraining oder ob du dir Unterstützung von einer Fachperson dazu holen möchtest. Damit du das alles gut abwägen kannst, ist es hilfreich, alles einmal in Ruhe zu studieren und erst danach mit den Übungen zu beginnen. Geduld wirst du im Laufe des Lesens noch öfter brauchen und dazu aufgefordert werden.

DAS HIER IST DIE ERSTE ÜBUNG DAZU UND DIE VORARBEIT FÜR DIE TECHNIKEN

Genau wissen, was du tust, bevor du es tust und nicht übereilt loslegen. **Das Buch ist didaktisch so aufgebaut, dass immer neue, aber für alle Übungen wichtige Informationen einfließen.** Erst wenn du alles gelesen hast, hast du nicht nur den Gesamtüberblick über die Details in der Anwendung und Umsetzung, sondern kannst auch die richtige Technik für deinen Hund

01 Wir können von Hunden sehr viel über angepasste Berührungen lernen: Reagiere wie ein Hund, aber denke wie ein Mensch. Verbinde deine Talente mit dem Können von Hunden.

02 Hier wird ein Nahekommen des Rüden von der Hündin zurückgewiesen. Auch hier siehst du an der klaren Körperspannung schon, wer das Geschehen lenkt und wer reagiert.

02

finden, die ihr gerade am besten gebrauchen könnt. Wenn du mit der Praxis startest, beginne aber auf jeden Fall mit den Übungen aus dem zweiten Kapitel in der Reihenfolge, in der sie dort stehen. Ab Kapitel drei kannst du dann die Techniken heraussuchen, die du brauchst, und weglassen, was du nicht brauchst.

EINE BEZIEHUNG

Eine Beziehung ist in ihrem Aufbau immer ähnlich, egal zu wem. Alle ihre Besonderheiten sollen hier ihren Raum finden.

Das, was wir mit unseren Hunden pflegen, ist etwas Besonderes. Es ist eine soziale Beziehung, ähnlich der, die wir zu Menschen haben, aber mit kleinen Abweichungen. Viele Muster gleichen sich aber. Man könnte es mit einer Art Freundschaft vergleichen, nur dass diese beim Hund durch ein klares soziales Gefälle geprägt ist und im Gegensatz zur Freundschaft zu Menschen keine Gleichberechtigung, wohl aber Gleichwertigkeit kennt. Wir treffen alle wichtigen Entscheidungen für unseren Hund und können daher niemals von einer gleichberechtigten Beziehung sprechen.
Der persönliche Wert der Freundschaft, die empfundene Zusammengehörigkeit, Liebe und Trauer über den Verlust eines Hundes können aber sehr wohl gleichwertig zu einer menschlichen Freundschaft wahrgenommen werden. Auch die Entstehung und das Zusammenwachsen über die Zeit verlaufen nach ähnlichen Mustern. Eine Eltern-Kind-Beziehung kommt dem ebenfalls nahe, doch hier sind wieder deutliche und wichtige Differenzierungen zu machen. Während das Kind dazu erzogen wird, unabhängig zu werden, um das Elternhaus verlassen und eine eigene Familie gründen zu können, wenn es das denn will, soll der Hund in unserer Abhängigkeit bleiben. Gleichzeitig wird er aber trotzdem erwachsen, bleibt kein Welpe und ist so auch von seinen Ansprüchen und Bedürfnissen nicht mit denen eines Kindes zu vergleichen.
Wenn von nun an also alle Techniken an dem Entstehen, Wachsen und Pflegen einer Beziehung gemessen und verglichen werden, dann ist damit die besondere und exklusive Beziehung zwischen Menschen und Hunden gemeint, die du genauso kennst und schätzt, wie ich es tue, und die durch alles, was hier erklärt wird, bereichert werden und wachsen soll. Unsere Hunde bieten uns eine Mischung aus dem, was wir aus menschlichen Beziehungen kennen: eine Freundschaft, gleichwertig, aber nicht gleichberechtig. Versorgend, aber nicht in Abhängigkeit. Anhand der typischen Beziehungsmuster ist die Struktur dieses Buches aufgebaut, denn damit weißt du immer genau, was gemeint ist. Eine Beziehung lebt vom Kennenlernen und Herausfinden, wie der andere tickt, wie man ihn bewegt und von etwas abhält, vom produktiven Streiten, von gemeinsamen Aktivitäten, sich unterstützen, zusammen chillen, liebevoll miteinander sein und das Leben genießen. Und davon handeln auch die Techniken in diesem Buch.

Hunde sind anders als viele andere Haustiere, weil ihre Beziehungsstrukturen und Kommunikation ähnlich sind wie unsere, und sie gehen tiefe Freundschaften mit uns ein.

DAS KENNEN-LERNEN

Der Anfang einer Beziehung besteht aus dem Kennenlernen, dem Herantasten und Erkunden von Möglichkeiten. Gemeinsamkeiten und trennende Elemente sind die Basis für alles. Wir tasten uns gegenseitig ab und entdecken durch Ausprobieren, was dem anderen guttut, was ihm weh tut und was nicht, was später in Konflikten zum Thema werden könnte und wie wir das Gegenüber einschätzen können. Ohne das Kennenlernen wäre es schwer, Vertrauen zu fassen.

DIE HÜLLE

Das Erste, was wahrgenommen wird, ist das Offensichtliche, das Äußere. Die Schutzschicht des Gegenübers und seine kleinen Besonderheiten.

DER MUSKELMANTEL

Der Muskelmantel ist eine dicke Schicht aus einem beweglichen Muskel, überzogen mit Bindegewebe, Haut und Fell. Menschen haben diesen Mantel nicht, deswegen ist es notwendig, sich das Ganze genauer anzuschauen, um es zu verstehen:
Der Muskelmantel des Hundes sitzt über seinem Körper wie ein dicker, fleischiger Pullover, der obendrauf mit Fell bewachsen ist. Die Haut „klebt" daran und ist nicht separat zu lösen. Wenn du tief ins Fell deines Hundes greifst, kannst du ihn von den darunterliegenden großen Muskeln, die für die Bewegung des Hundes zuständig sind, abheben und ein Stück hochziehen. Was du da in der Hand hältst, ist keine dicke Haut, es ist der Muskelmantel.
Wenn dein Hund mal eine Bissverletzung hatte, dann konntest du vielleicht schon mal tiefere Einblicke unter diesen „Pullover" bekommen. Selbst ein kleines Loch sieht durch dieses Phänomen aus, als hätte der Zahn des anderen Hundes deinen Hund durchbohrt und seine Haut ringsum vom Körper gerissen. Du kannst in das Loch hineinschauen und dich in der Schicht darunter umsehen, wie du es auch bei einem Loch in einem Kleidungsstück tun könntest. Das ist der Grund, warum Bissverletzungen oft nicht genäht werden oder eine Drainage gelegt wird, damit sich unter der tiefen Tasche um das Loch herum keine Keime ansammeln und vor sich hin gären können.

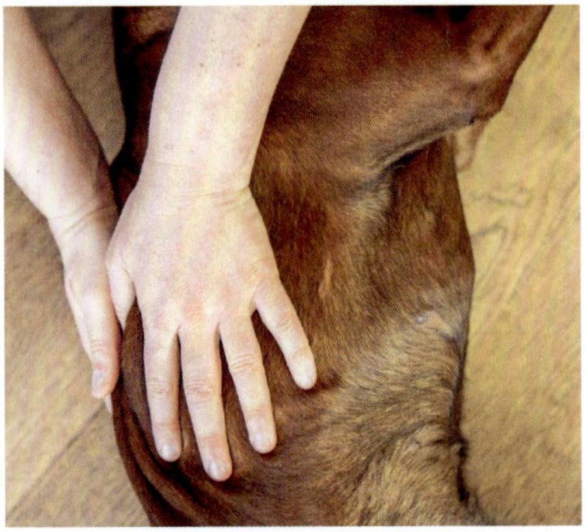

Der Muskelmantel umschließt den Körper des Hundes wie eine dicke Pulloverschicht und ist fest mit der darüberliegenden Haut verwachsen.

Den Muskelmantel kann der Hund wie jeden anderen Muskel auch anspannen und entspannen. Du merkst das, wenn dein Hund Angst hat, aufgeregt ist oder dir entkommen möchte. Während da eben noch dieser übergroße schlackernde Pullover war, sitzt der Hund, wenn er an dir vorbei durch die Tür witschen will, plötzlich so eng in der Pelle, dass deine Hand an ihm abglitscht und du ihn nicht zu greifen bekommst.
Dann hat er einfach den Muskelmantel angespannt und ist dadurch glatt und fest, um sich wie ein Aal deinem Griff zu entziehen. So machen es Hunde auch im Kampf miteinander. Sie spannen gezielt den Mantel an, um dem Gegner die Chance zu nehmen, tief ins Gewebe zu greifen, und lassen bewusst los, um sich in ihrer eigenen Hülle zu drehen und zu winden und dadurch nach hinten

greifen zu können, obwohl der andere sie im Würgegriff hat. Eine perfekte Kampftechnik ist so ein verstellbarer Schutzmantel, der den Rest des Körpers auch beim Fallen zusammenpresst und abwehrfähiger gegen die Wucht des Aufpralls macht.
Außerdem sind Hunde Jäger. Sie sind körperlich dafür geschaffen, Beute zu verfolgen und zu töten, und dafür hat die Natur sie gut ausgestattet. Auch das Umhertragen der Welpen am Schlafittchen durch die Mutterhündin geschieht am Muskelmantel. Am Hals ist dieser besonders groß und fähig, sich zu lockern. Je jünger der Hund ist, desto lockerer ist er und desto mehr hat man das Gefühl, der Hund müsse erstmal hineinwachsen. Das ist in Wirklichkeit nicht so, der Mantel bleibt in der Relation zum Hund genauso groß und wächst mit ihm mit. Lediglich seine Festigkeit ändert sich noch, weshalb er immer schwerer vom Körper abzuheben ist.
Manche Rassen sind besonders angespannt, was sich auch in einem engen Pullover und steifen Bewegungen bemerkbar macht. Wieder andere können besser loslassen und sind im entspannten Zustand richtig schwabbelig. Manche Rassen sind so gezüchtet, dass der Pullover übermäßig weit ist und immer weiter wächst. Damit verliert er seine Funktion und ist irgendwann so locker, dass der Hund ihn kaum zusammenziehen kann. Diese Hunde bilden nicht nur die rassetypischen Falten, sondern sind oft auch anfälliger für tiefe Bissverletzungen und Hauterkrankungen. Da dieser eigentlich so sinnvolle Schutz durch die Zucht zu einer Behinderung abgeändert wird, gilt extreme Faltenbildung bei Hunden als Qualzuchtmerkmal. Hat der Hund Schmerzen durch Probleme am Knochenapparat, dann kann es passieren, dass der Muskelmantel dauerhaft die Stützfunktion des Körpers übernimmt, indem er immer angespannt bleibt. So bleiben

In der Entspannung kannst du erfühlen, wie stark man den Muskelmantel abheben und greifen kann, ohne dem Hund weh zu tun.

tiefer liegende Probleme noch einige Zeit verschleiert und der Hund läuft vermeintlich normal. Es ist also nicht nur sinnvoll, einen alten Hund zu massieren, um ihm etwas Angenehmes zuteilwerden zu lassen, sondern auch, um zu überprüfen, ob es irgendwo Stellen am Hundekörper gibt, die auffällig fest sind und wo sich der Muskelmantel so verhärtet hat, dass er sich nicht mehr vom Körper abheben lässt.
Eine tiefer gehende Untersuchung und eventuelle Behandlung des ursächlichen Problems sollten die Folge solcher Entdeckungen sein. Für alte Hunde lässt sich fast immer sagen, dass eine lockernde, sanfte Massage des Muskelmantels regelmäßig angebracht ist, da die Wahrscheinlichkeit hoch ist, dass es im Alter jederzeit irgendwo zwickt und zwackt.

LERNE DEN MUSKEL-MANTEL KENNEN

— Lege eine Decke auf den Boden, auf der dein Hund gern liegt. Wenn er es kühl mag, setze dich selbst auf ein kleines Kissen und lass ihn auf den Fliesen liegen.
— Setze dich hin und lasse deinen Hund neben dir oder zwischen deinen ausgestreckten Beinen liegen.
— Du kannst den Hund direkt auf die Seite legen und vorsichtig, aber klar dort festhalten, bis er still liegt. Braucht er ein bisschen Zeit, dann lass ihn erst mal sitzen oder auf dem Bauch liegen und versuche, ihn alle paar Minuten sanft mit einer Handbewegung in Richtung Seitenlage zu führen.
— Sorge mit deinen Händen dafür, dass er auf jeden Fall in der Situation bleibt. Er muss nicht direkt auf der Seite liegen, wenn er sehr misstrauisch ist, aber er darf auch nicht gehen. Setze dich konsequent durch, bleibe aber still und ruhig dabei.
— Setze dich nah neben den Hund und beginne mit der flachen Hand und leichtem Druck, den Muskelmantel auf dem Rücken des Hundes, seitlich der Wirbelsäule, in kleinen Kreisen zu bewegen. Beginne mit kleinen Bewegungen und steigere langsam den Druck und die Größe der Kreise.
— Knete dann sanft den Muskelmantel in deiner Hand. Beginne oben am Nacken des Hundes und arbeite dich vorsichtig nach hinten Richtung Rute. Wenn der Hund mit dem Muskelmantel zuckt oder ihn zusammenzieht, sei vorsichtiger und beginne wieder etwas weiter vorn.
— Schaut dein Hund plötzlich zu dir hoch, legt die Ohren zurück und blickt von unten nach oben zu dir, dann heißt das: Mach langsam! Fang wieder von vorn an und erhöhe die Intensität vorsichtiger.
— Beobachte, wie der Mantel unterschied-

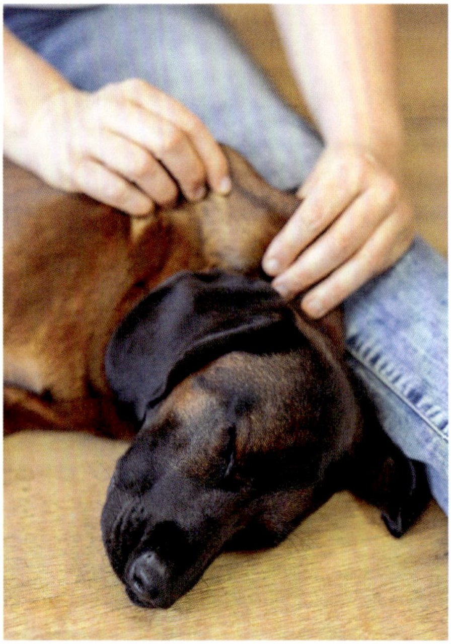

01

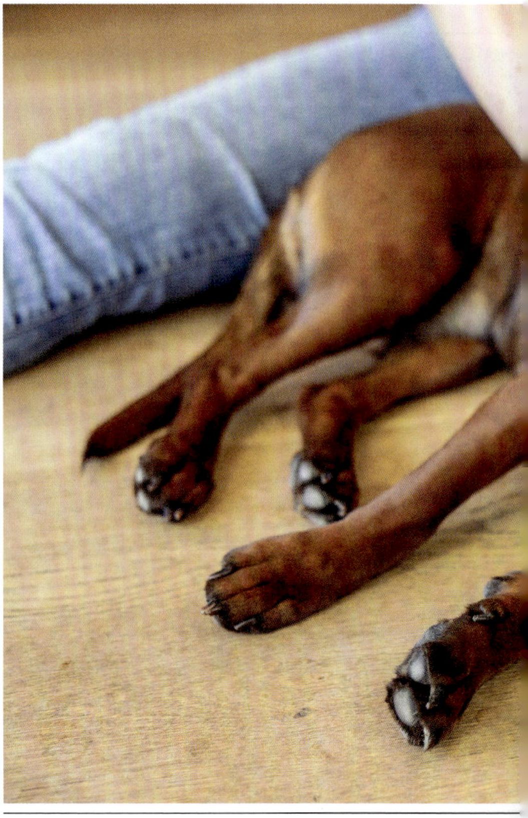

02

lich fest am Hund sitzt und sich bei mehreren Durchläufen von vorn nach hinten verändert. Vielleicht wird dein Hund insgesamt lockerer oder angespannter durch deine Berührung. Vielleicht hört er zwischendurch ein Geräusch und spannt sich plötzlich unter deinen Händen an. Schließe die Augen und nimm wahr, dass da unter deinen Händen ein beweglicher Muskel agiert.

— Knete nun etwas fester und greife tief in den bepelzten Pullover deines Hundes. Benutze dabei die ganze Hand und fülle sie komplett mit Hund aus. Du willst nicht an seinen Haaren ziehen, sondern ganz tief in das Gewebe des Muskels greifen, denn dadurch tust du deinem Hund nicht weh und fühlst die unterschiedliche Anspannung besser.

— Wenn dein Hund entspannt ist, dann hebe jetzt langsam und mit festem Griff den Muskelmantel nach oben, bis du einen Gegenzug merkst oder es nicht weiter nach oben geht. Probiere schrittweise zu steigern, wie weit du den Mantel vom Hund abheben kannst, und schau mal, wie weit alles werden kann, wenn dein Hund es zulässt. Du kannst hier genau sehen, wie viel du hochziehen könntest, wenn dein Hund mitmacht und nicht gegenspannt. Schau mal vorsichtig, was als Maximum drin ist.

— Taste und knete dich von vorn nach hinten langsam durch die verschiedenen Zonen des Hundekörpers und probiere überall vorsichtig maximal viel Muskelmantel vom Hund hochzuheben, ohne ihm dabei wehzutun.

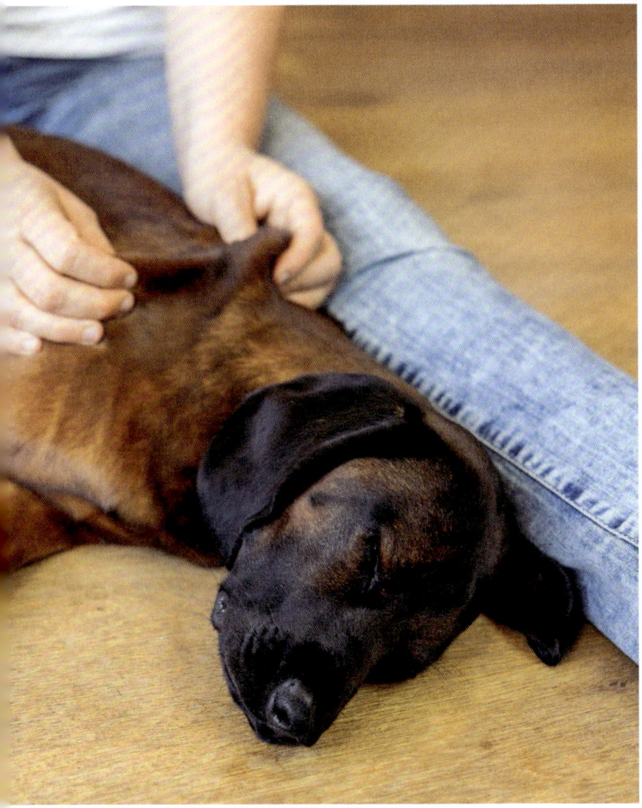

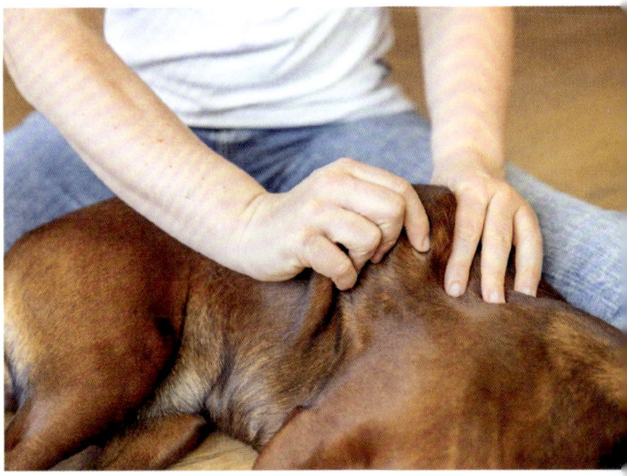

03

01 Die Massage beginnt immer vorn am Hund, denn da ist der Muskelmantel oft am schnellsten gelockert und lässt sich kneten.

02 Entspannt dein Hund sich, weißt du, dass es genau richtig ist. Zieht er den Muskel zusammen, waren die Bewegungen zu schnell.

03 Der Teil hinter dem Vorderbein ist besonders empfindlich und muss sehr achtsam weiter nach oben gezogen werden, bis er genauso locker ist wie der Teil an Hals und Nacken.

01

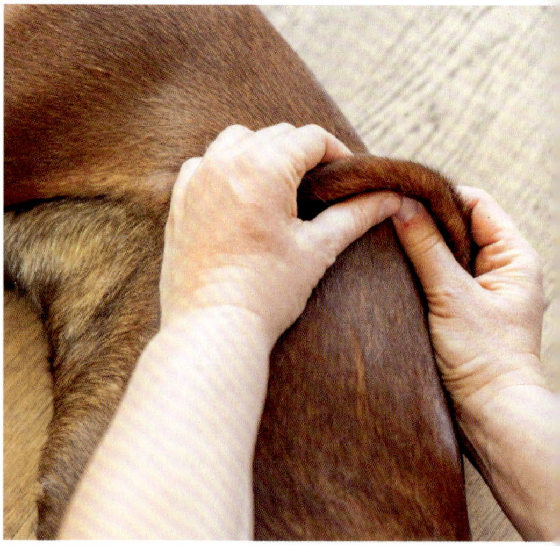

02

03

GRUNDREGELN AUF EINEN BLICK

- Massiere nur, wenn der Hund gesund ist.
- Eine Hand bleibt immer auf dem Hund liegen, wenn du die Position veränderst. Der Hund ist also zu keiner einzigen Sekunde ohne die Berührung einer Hand während der Übung.
- Lege den Hund auch, wenn möglich, so nah an dich heran, dass er weitere Berührungspunkte zu deinem Körper hat.
- Wähle einen stillen, sicheren Ort für die Massage, an dem ihr nicht abgelenkt werdet.
- Schalte Handys auf lautlos, den Fernseher und das Radio aus oder lasse gleichmäßige leise Musik laufen.
- Stelle sicher, dass kein anderes Tier oder ein Mensch zu euch kommt, deinen Hund oder dich stört oder ihn anfasst, während du ihn massierst.
- Fange immer ganz vorsichtig an und steigere die Intensität deiner Griffe sehr langsam bis zum Maximum. Zwischen sanftem Streicheln und festem Kneten und Ziehen sollte mindestens eine fünfzehnminütige Steigerung liegen.
- Sobald dein Hund mit dem Muskelmantel gegenzieht, warst du zu schnell, zu hart oder dein Hund sollte an dieser Stelle tierärztlich untersucht werden. Beim richtigen Tempo solltest du am Ende mit beiden Händen fest in den Muskelmantel greifen und den Hund fast ein Stück vom Boden abheben können, ohne dass er es als unangenehm empfindet oder aufschaut.
- Lass deinen Hund nach einiger Zeit aufstehen, sich schütteln und auf die andere

01 Bleibe beim Kneten eher oben am Rücken und rutsche nicht zu weit Richtung Bauch hinunter, denn da sind viele Hunde empfindlicher.

02 Wenn du eine Wurst aus dem Muskelmantel formen kannst, kann diese gehalten und leicht nach hinten gezogen werden, dort kurz bleiben und dann wieder sanft losgelassen werden.

03 Im oberen Bereich des Hundes kannst du nach einiger Zeit wie durch einen dicken Teig kneten und dabei mit leichtem Zug nach oben arbeiten.

04 Schaut der Hund sich um, dann sei an dieser Stelle vorsichtiger. Sprich ihn ruhig kurz an, wenn er dich ansieht, aber bleibe in konzentrierter Stimmung und Gelassenheit.

Seite legen und wiederhole auf dieser Seite noch mal alles im selben Tempo von vorn.

— Wiederhole die Übung mehrere Tage lang und erkunde in Ruhe. Das hier ist die Basis für alles und sowohl du als auch dein Hund dürft in diese Übung einige Zeit hineinwachsen, bevor es weitergeht.

— Achte auf die Reaktionen deines Hundes. Der Versuch wegzukommen, das Heben des Kopfes, Schmatzen mit offenen Augen oder starke Gegenwehr heißt, dass du vorsichtiger und langsamer machen musst. Dein Hund sollte dableiben, aber nicht zu jedem Preis. Er darf bestimmen, in welcher Intensität massiert wird. Will er aufspringen, dann halte ihn ruhig, aber fest, sodass er nicht aufstehen kann. Bleibe dabei still und geduldig und halte einfach so lange, bis er sich wieder beruhigt hat und liegt. Erst danach setzt du deine Massage fort.

— Beachte, dass insbesondere ältere oder sehr gestresste Hunde mehrere Anläufe und lange Massagen brauchen können, um wirklich loszulassen. Geduld und langsame Steigerung der Intensität geben dem Hund Vertrauen in dein weiteres Handeln. Enttäusche ihn nicht, denn was du hier zeigst, ist wichtig für spätere Techniken!

WUSSTEST DU ...
dass der Muskelmantel des Hundes ziemlich schmerzunempfindlich ist? Im Spiel zerren sich Hunde daran herum. Verletzt sich der Hund in dieser Schicht, kommt es kaum zu Blutungen, sodass die Verletzungen oft erst beim Verschorfen gefunden werden.

TIEF LIEGENDE EIGENSCHAFTEN

Was hält den anderen aufrecht, was stützt ihn und was bringt ihn in Bewegung? Alles wichtige Fragen beim Kennenlernen in einer Beziehung.

MUSKULATUR UND KOORDINATION

Unter dem Muskelmantel liegen die großen und kleinen Muskeln, die für Bewegungen zuständig sind. Ein komplexes Geflecht aus wulstigen oder flachen Streifen, das sich zusammenziehen und lockern kann. Der Hund läuft auf allen vieren, was seiner Muskulatur andere Aufgaben gibt als uns aufrecht gehenden Wesen. Während bei uns der Hals die sensibelste Stelle des Körpers ist, dünn und fast ungeschützt, ist er beim Hund eines der kräftigsten Areale. Er benötigt kein Schlüsselbein und ist dadurch in Hals und Nacken beweglicher als wir. Seine Muskulatur in Nacken-, Hals- und Schulterbereich ist ausgeprägt und hält nicht nur den Kopf den ganzen Tag oben, sondern soll noch viel mehr können. Als Beutegreifer ist die Anatomie des Hundes darauf ausgelegt, Tiere in der Größe eines Feldhasen, eines Rehs oder einer dicken Ratte zu packen und durch gezieltes ruckartiges Schütteln zu töten. Um sich so ein Beutetier mit Kraft um die Ohren zu schlagen und ihm damit das Genick zu brechen, bedarf es zweier wichtiger Ausstattungsmerkmale. Zuerst einen festen, kräftigen Kiefer mit hoher Bisskraft. Ein großer Hund hat fünfmal so viel Beißstärke wie ein kräftiger Mensch und einige sogar so viel wie ein Löwe oder andere große Raubtiere. Ja, unsere Hunde sind Raubtiere und es ist bemerkenswert, wie selten und welch geringen Schaden sie anrichten, obwohl sie viel mehr könnten. Will ein Hund ernsthaft zubeißen, dann kann man sich ausmalen, was das für Verletzungen zur Folge hat.

Das zweite Ausstattungsmerkmal eines Hundes zum Töten von Beute ist seine Muskelkraft im Nacken und Hals. Er hält damit die Fliehkräfte des herumgeschleuderten Beutetiers problemlos aus und kann deswegen auch mit voller Kraft in ein Halsband springen, Leinen zerreißen und am Halsband geführt werden. Hals und Nacken eines Hundes sind in keiner Weise mit unseren zu vergleichen und ähneln, wenn überhaupt, der durchtrainierten Taille eines Menschen, der gern und viel surfen geht. Viel weniger Kraft hat der Hund dagegen in seinem Taillenbereich. Hier sind wir Menschen kräftiger. Eine Leine um die Taille des Hundes gelegt, würde ihn effektiver aufhalten und stören als am Hals.

Der Muskelmantel des Hundes kann zum Schutz gezielt angespannt und entspannt werden. Willst du den Hund daran festhalten, ohne ihm weh zu tun und so, das du ihn sicher halten kannst, dann musst du furchtlos ganz tief hineingreifen. Außerdem ist

der Hund mit einer deutlichen Überlast im vorderen Bereich aufgebaut und trägt hier den größeren Teil seines Körpergewichts. Rückwärts laufen ist für Hunde herausfordernd, genauso wie seitwärtszulaufen. Er steuert die Vorderbeine gezielt an, während seine Hinterbeine intuitiv gesetzt werden. Versuche deinem Hund mal das Pfötchengeben mit den Hinterfüßen beizubringen. Du wirst merken, dass das schwer wird.
Die Bewegung der Hinterhand ist vor allem durch Reflexe gesteuert. Einen davon kannst du dir genauer anschauen, indem du deinem Hund vorsichtig den Finger zwischen die Zehen des Hinterbeins drückst, während er entspannt auf der Seite liegt. Kitzelst du ein bisschen mit der Fingerspitze zwischen den Ballen, dann wird dein Hund ruckartig nach hinten austreten.
Ist der Antrieb der Hinterhand gestört, kann es zu Lähmungserscheinungen und wegknickenden Hinterläufen kommen.
Die Schaltzentrale für die Hinterhand sitzt am hinteren Rücken an der Wirbelsäule. Dort verbinden sich die wichtigen Nervenbahnen, um die Hinterfüße schwungvoll und den Vorderfüßen angepasst bewegen zu können. Dieser Teil des Rückens ist also besonders wichtig und schützenswert für den Hund und seine Beweglichkeit.

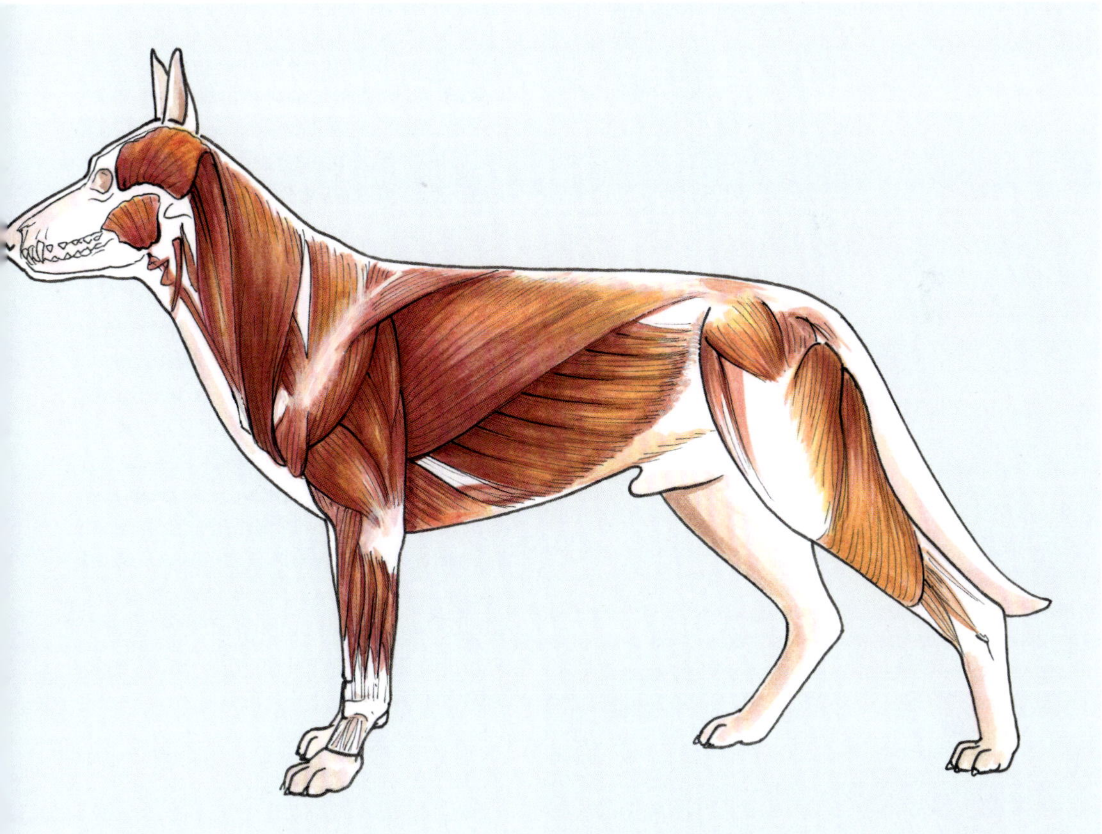

Die großen Muskeln des Hundes. Stell dir vor, dass du den Muskel auseinanderkneten möchtest, sodass die Fasern sich ausweiten und nicht zusammenkleben.

KOORDINATIONSFÄHIGKEIT

Die gesamte Koordinationsfähigkeit des Hundes hat viel mit seinen körperlichen Möglichkeiten zu tun, also ob bei der Zucht auf das Gesamtgewicht und ausgeglichene Proportionen der Beine und des Körpers geachtet wurde. Sich geschickt und bewusst zu bewegen lernen Hunde insbesondere im Welpenalter. Deswegen sollten sie in dieser Zeit unbedingt mit anderen Welpen und erwachsenen Hunden spielen und toben dürfen und müssen auch nicht davon abgehalten werden, die Welt und ihre Fähigkeiten zu erkunden. Der Irrglaube, Welpen dürften nicht so viel herumlaufen, wie sie es wollen, oder niemals eine Treppenstufe überwinden oder mal über etwas drüberpurzeln ist mehr als einmal widerlegt. Alles, was nicht direkt zu einer Verletzung führen könnte oder den Welpen zwingt, sich zu bewegen, ist okay.

Solange keine Jagdreize genutzt werden, um den jungen Hund zu unbedachten und übermäßigen Bewegungen zu verleiten, dürfen Welpen spielen und balgen so viel sie wollen. Hauptsache, sie bekommen die Möglichkeit, sich ausreichend auszuruhen, wenn sie es möchten. Gelenkerkrankungen werden nicht durch das permanente Schonen des Welpen vermieden, sondern durch sorgfältige Zucht und Vermeidung von Riesenwuchs, Übergewicht und Verformungen des Körpers.

Wer seinen Hund motorisch schulen möchte und damit auch der Verletzungsgefahr durch unkontrollierte Bewegungen vorbeugen will, der sollte langsame Koordinationsübungen, zum Beispiel auf Wackelbrettern oder weichen Bällen zum darauf Stehen nutzen. Ein Profi aus dem Bereich Hunde-Physiotherapie kann dazu in ein paar Stunden sinnvolle Anleitungen geben und beraten. Wie immer gilt: Lieber einmal beim Profi direkt gelernt, als hundertmal im Internet etwas Falsches lesen.

Sich bei einem Profi ein paar statische Übungen für den eigenen Hund zeigen zu lassen, lohnt sich.

☞ WAS DU DIR MERKEN SOLLTEST

— **Wenn dein Hund schon bei den Massageübungen knurrt oder schnappt, hol dir bitte unbedingt professionelle Hilfe. Auch mit einem Maulkorb solltest du die folgenden Übungen im Buch nicht allein machen. Bedenke bitte, dass jeder Hund beißen kann, und beachte deswegen immer folgende Grundregeln:**

— Der Hund hat vorn mehr Kraft als hinten. Um ihn festzuhalten, solltest du also möglichst weit vorn greifen und den Kopf immer nah zu dir heranziehen.

— Nacken und Hals des Hundes sind gut eingepackt und fest durch große Muskeln geschützt. Du kannst einen Hund nicht aus Versehen erwürgen oder seine Wirbelsäule verletzen, wenn du ihn am Hals hältst oder am Muskelmantel hochziehst.

— Der Hund setzt die Vorderbeine bewusst und die Hinterbeine eher intuitiv. Wenn du ihn also rückwärtsbewegen möchtest, musst du vorn drücken, damit sich hinten etwas bewegen kann.

— Der Hund kann sehr schlecht bewusst seitwärts gehen. Willst du ihn seitlichbewegen, musst du erst seinen Vorderkörper seitlichbewegen, dann ankern (festhalten) und erst danach den hinteren Teil des Hundes seitlich heranziehen.

— Hunde können beißen, und zwar wesentlich fester, als man denkt. Das schreibe ich nicht nur so zum Spaß, sondern möchte hier schon darauf hinweisen, dass dein Hund seinen Unmut über eine Korrektur oder ein Zurückhalten zum Anlass nehmen könnte, sich dir gegenüber ebenfalls körperlich zu äußern. Das heißt im Klartext, dass du bitte bei allen Übungen abschätzen solltest, ob dein Hund vorsichtshalber mit einem Maulkorb gesichert werden sollte. Wenn du anfängst, diese Sprache mit deinem Hund zu sprechen, dann ist es eine berechtige Annahme von ihm, dass auch er sich körperlich ausdrücken darf, und das bedeutet im Zweifelsfall auch den Einsatz seiner Zähne, wenn ihm etwas nicht passt oder er deine Kompetenz in Frage stellt. Je fester du den Kopf deines Hundes vorn hältst, ganz nah an den Ohren und ihn zu deinem Bein oder deinem Körper heranziehst, umso weniger kann er beißen. Trotzdem solltest du immer bedenken, dass du vielleicht nicht jede Technik gleich in Perfektion beherrschst.

Ein gut sitzender Maulkorb sollte mit individueller Beratung gefunden werden.

Inbesondere in Wut und Aufregung können auch freundliche Hunde impulsiv reagieren! Sei lieber etwas vorsichtiger und steigere die Anforderungen an deinen Hund sehr langsam, um ihn nicht zu überfordern.

Der Hund entscheidet, wie stark die Massage sein darf.

ÜBUNG ZUM KENNENLERNEN DER GROSSEN MUSKULATUR

— Verbinde diese Übung am besten direkt mit dem Kneten des Muskelmantels und schließe sie danach an.

— Streiche mit der flachen Hand an deinem liegenden Hund entlang und versuche die einzelnen großen Muskelstränge zu ertasten. Fahre mit den Fingerspitzen ihren Rand ab und verfolge dabei auf dem Bild, wo du gerade bist – wie auf einer Landkarte.

— Ertaste die Ansätze der einzelnen Muskeln und streiche die großen Flächen vorerst ganz sanft aus, dann etwas fester und mit Druck.

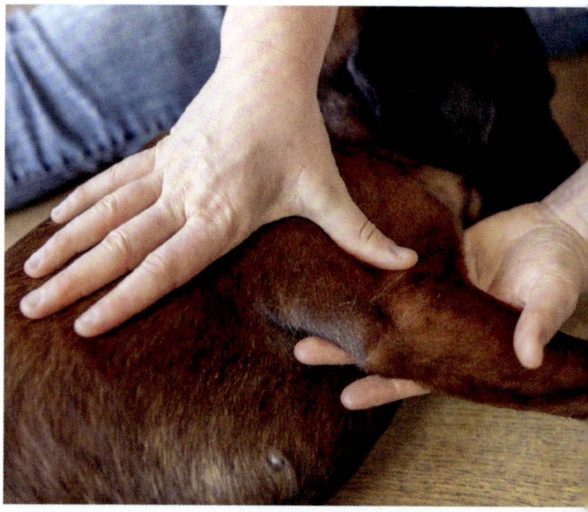

01

01 Muskeln werden ausgestrichen und geschoben.

02 Knie, Ellenbogen, Wirbelsäule und alle Knochen werden niemals gedrückt und bilden die natürliche Grenze zu den massierenden Fingern.

- **ACHTUNG! Drücke den Muskel niemals mit den Fingern zusammen, sondern streiche ihn immer breit auseinander! Du möchtest die Fasern auseinanderziehen und nicht zusammenquetschen!**
- Erfühle, wo dein Hund verspannt und fest ist und wo er locker lassen kann.
- Findest du auffällig kleine und degenerierte Muskelstränge oder extrem ausgeprägte Stellen, die in Relation zum Rest übertrainiert erscheinen, dann lass einen Hunde-Physioprofi abchecken, ob dein Hund eine Schonhaltung eingenommen hat, und falls ja, wieso.

REGELN FÜR DAS ERTASTEN DER MUSKELN

- Beginne mit dem oben gelernten Kneten des Muskelmantels, bevor du in die tieferen Muskelschichten vordringst.
- Halte dich an alle Vorgaben und Regeln, die du schon aus der Übung mit dem Muskelmantel kennst (siehe Seite 58).
- Massiere immer beide Körperhälften gleich lang; lass den Hund also nach der Hälfte der Zeit die Seite wechseln, auf der er liegt.
- Streiche die Muskeln am Ende der Massage ein paarmal kräftig in Richtung Herz des Hundes aus. So werden Abbauprodukte und Lymphe in die richtige Richtung geschoben und können aus dem Körper heraus befördert werden.
- Stütze Beine und Kopf zusätzlich mit der freien Hand ab, sodass dein Hund niemals gegenhalten oder etwas festhalten muss.
- Streiche und walze alle Muskeln auseinander, als wären sie eine feste Rolle Kuchenteig, die du zu einem möglichst großen flachen Fladen platt drücken möchtest. Drücke dabei niemals direkt auf die Gelenke!

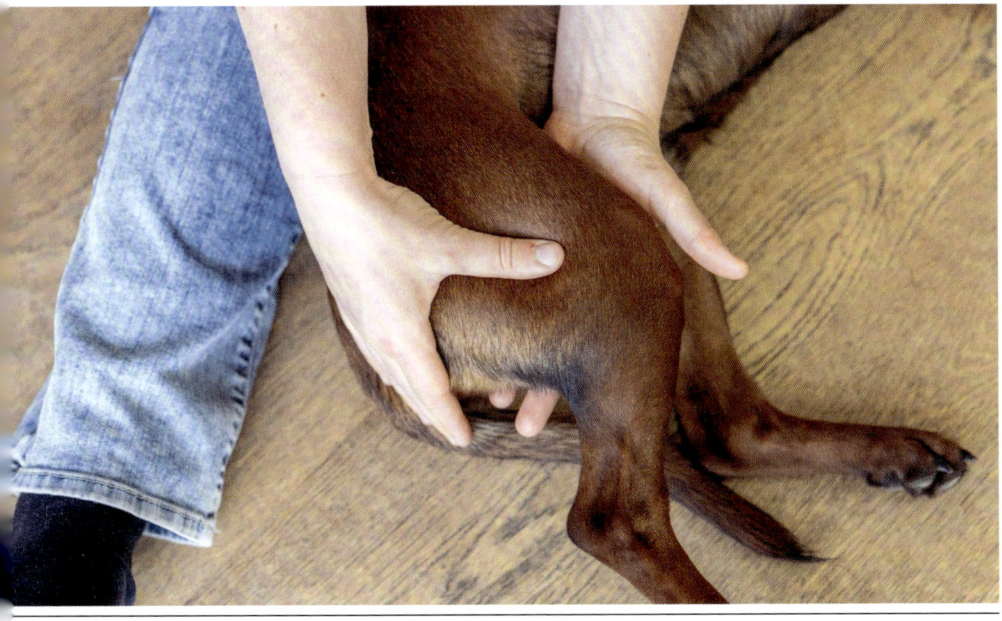

02

MACH DICH LOCKER!

Ist dir aufgefallen, wie anders diese Übung für euch beide war, im Gegensatz zum normalen Streicheln?

KONTAKT AUF DER BASALEN EBENE

Nachdem du den Muskelmantel nicht nur kennengelernt, sondern auch einen Teil der tief liegenden Muskulatur ertastet und gleichzeitig gelockert hast, hier ein positiver Nebeneffekt: Du hast gerade nicht nur etwas über die Anatomie deines Hundes gelernt, sondern du bist ganz nebenbei in einen intensiven Kontakt auf der basalen Ebene gegangen. Eine Interaktion, die die Beziehung stärkt und das Zusammengehörigkeitsgefühl steigert. Nicht nur dein Hund, sondern auch du hast messbare Mengen an Oxytocin freigesetzt, einem Hormon, das Freundschaften festigt und das Gefühl von Heimat und Zusammensein hervorruft. Euer beider Blutdruck hat sich gesenkt und damit euer ganzes System in einen Ruhezustand gebracht, der nicht nur angenehm ist, sondern gesund ist für Herz und Kreislauf und aktive Bekämpfung von Stresshormonen und Übererregung des Gehirns. Du hast nicht nur angefasst, ihr habt gerade eine kleine Gesundheitsvorsorge, Sozial-Bonding, aktiven Stressabbau und Psychohygiene betrieben.

Wenn du es messen möchtest, dann benutze eine Pulsuhr und lasse sie messen, während du beide Übungen hintereinander machst. Pro Seite etwa zwanzig Minuten, ohne Pause. Halte dich dabei an alle Regeln und kontrolliere nach der Massage die Pulsuhr. Du wirst erstaunt sein, was diese Übungen mit euch beiden bewirken können.

01

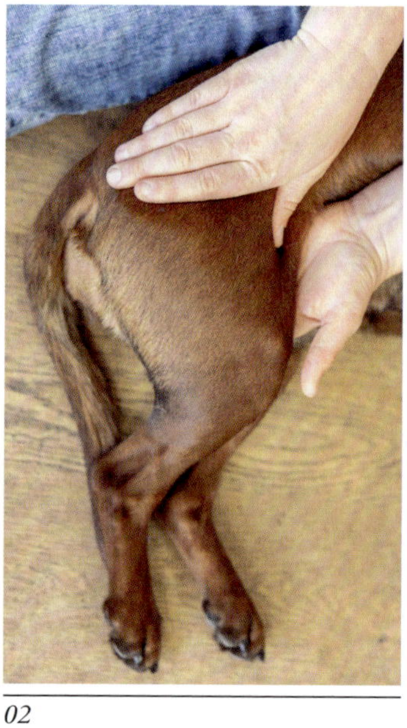

02

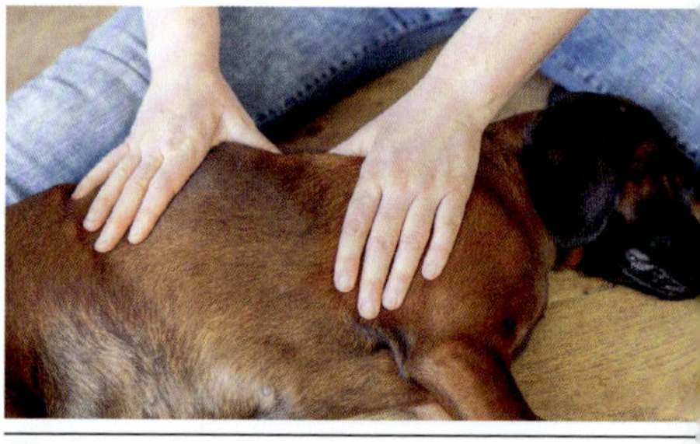

03

01 Du kannst mit den Fingerspritzen Druck aufbauen und am Muskel entlangfahren.

02 Die kleinen Mulden an der Hüfte lassen nur ganz kurze Streichbewegungen zu.

03 Der Muskel am Rücken wird immer von der Wirbelsäule weggeschoben.

Umschauen mit gehobener Pfote – „Sei noch vorsichtiger!“, heißt das.

FÜR WEN DIESE ÜBUNG BESONDERS GEEIGNET IST

Diese Form der Massage ist nicht nur zum Kennenlernen geeignet. Sie kann therapeutisch eingesetzt werden und Verhalten langfristig beeinflussen. Da du dich durchsetzt und der Hund bleiben muss, stärkst du bereits in Anfängen deine soziale Position in einer liebevollen Umgebung. Du lernst etwas einzufordern und trotzdem mit einer guten Absicht zu handeln. Gleichzeitig merkt dein Hund, dass du dich durchsetzen kannst, ohne unfair zu werden. Seine Gefühle werden achtsam wahrgenommen und du stellst die Intensität deiner Berührungen auf ihn ein. Er merkt, dass du wahrnimmst, was er davon hält, und darauf angemessen reagierst, ohne dein Ziel aus den Augen zu verlieren. Im Lauf der Zeit kann er so angeleitet und anfangs vielleicht sogar erzwungen zu Ruhe und Entspannung finden und neues Vertrauen in deine Entscheidungen bekommen. Nach einiger Gegenwehr merkt er, dass es guttut und die Massage etwas Angenehmes ist. Deine Entscheidung sie durchzusetzen, war also richtig.

Lässt du den Hund sofort wieder gehen, wenn er sich wehrt, dann merkt er sich nur, dass du eine schlechte Entscheidung getroffen hast, die er abgewendet hat. Bleibst du dran und überzeugst deinen Hund mit

Wer wen festhält hat immer etwas mit Führungsanspruch zu tun. Hier geht es um einen sozialen Status und nicht um einen sexuellen Kontakt.

Gegen ein Festhalten aus sexuellem Interesse darf man sich aus jedem Status heraus wehren, so wie die schwarze Hündin.

001

Zur Audiodatei
Anleitung zur Massage
Im Hintergrund hörst du Nanu! dabei einschlafen und tief entspannt atmen und schnarchen.

souveränem Druck, dann kann er eine neue Erfahrung machen und umdenken, was die Bewertung deiner Entscheidungen angeht.

Es geht also nicht nur um das Massieren an sich, sondern auch um das Festhalten und Durchsetzen. Ein weiterer Vorteil entsteht über die Wiederholung der Übung. Das Massieren, immer am gleichen Ort, am besten mit vielen gleich bleibenden Ritualen verknüpft, führt zu einer konditionierten Entspannung. Das bedeutet, dass der Hund irgendwann schon beginnt, sich zu entspannen, wenn nur die besondere Matte auf den Boden gelegt wird oder du deine Jogginghose anziehst, die du immer beim Massieren trägst.

Je mehr Rituale es dabei gibt, desto stärker wird die Konditionierung ablaufen und desto schneller wird sich der Hund in der Wiederholung entspannen. Der Erholungswert wird so erhöht und das Gehirn deines Hundes kann grundsätzlich schneller in den Ruhemodus fahren. Der Hund wird in der problematischen Situation trotzdem auch weitere Unterstützung und vielleicht auch ein angepasstes Erziehungstraining brauchen, kann die darin gelernten Inhalte aber besser und schneller umsetzen.

Hunde, die Berührungen nicht gut kennen oder sehr stumpf in ihrer Wahrnehmung sind, können über die Massage neue, neuronale Verknüpfungen bilden und den Wert einer Streicheleinheit kennenlernen.

Welpen und Junghunde werden in ihrer Fähigkeit, Stress abzubauen, mit Frust umzugehen und ihre Impulse zu kontrollieren, gestärkt und profitieren lebenslang von diesen Fähigkeiten. Auch sie können eine ganze Stunde am Stück massiert und gedehnt werden. Wie du die Dehnung richtig anwendest, erfährst du gleich.

DIE INNEREN WERTE

Von außen unsichtbar und dennoch so wichtig, dass ein Schaden an ihnen den ganzen Organismus beeinflussen kann. Die inneren Werte sind das, was eine Beziehung wirklich bereichert.

FASZIEN VERBINDEN ALLES

Durch den ganzen Körper des Hundes, seine Muskeln, seine Organe, überall ziehen sich die sogenannten Faszien, spinnennetzartige Strukturen, die alles im Körper miteinander verbinden. Verletzungen und Verspannungen können auch sie beeinflussen und das Gewebe in seiner Bewegungsfreiheit einschränken. Diese Faszien sind langsamer in ihrer Fähigkeit, sich zu lockern und dürfen ein wenig Extra-Aufmerksamkeit bekommen. Sie können gedehnt und so mit Flüssigkeit versorgt werden, die sie für ihre Flexibilität brauchen, und sollten insbesondere nach Unfällen und Operationen des Hundes von einem Profi behandelt werden. Du kannst dich der Faszien zum Ausprobieren einmal annehmen. Dafür nutzen wir zwei große Muskelstränge, um es so einfach wie möglich zu halten, und dehnen dort nicht nur Sehnen, Muskeln, Hautmuskelmantel und Bänder, sondern auch das Fasziengewebe – eine Behandlung, die jeder Hund gebrauchen kann, vor Verletzungen schützt und seine Beweglichkeit erhält. Am besten ist es, wenn du dies direkt nach der Massage des Muskelmantels, der tiefen Muskeln oder nach beidem nacheinander anhängst. Es gelten dieselben Regeln für Ruhe und Konzentration wie bei den anderen Übungen.

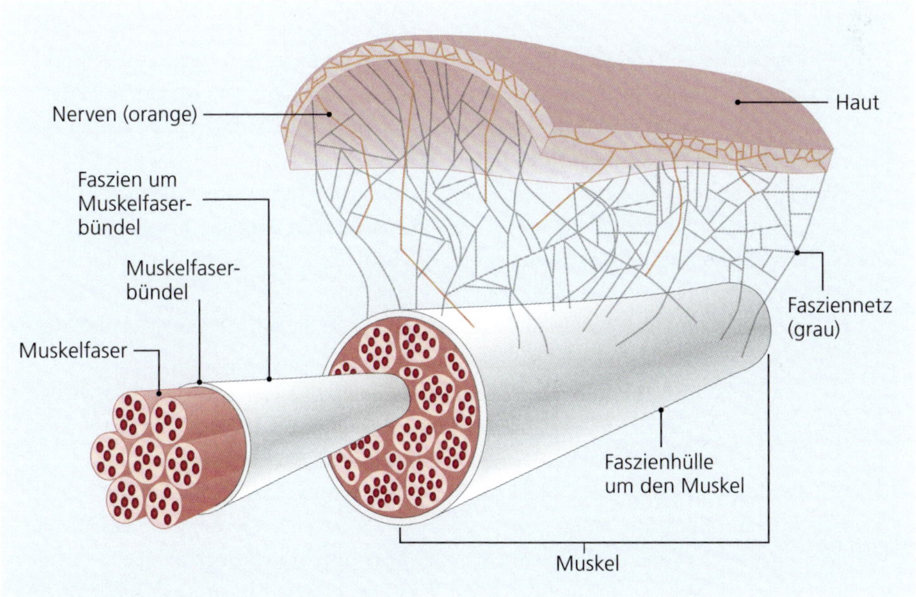

Faszien sind wie ein empfindliches Spinnennetz, das sich durch den ganzen Körper zieht.

DEHNUNG FÜR DIE VORDERHAND

Du brauchst für diese Übung eine Möglichkeit, die Zeit zu messen, ohne dich bewegen zu müssen, zum Beispiel den Timer im Handy oder eine Uhr. Du kannst entweder nur die Vorderbeine oder nur die Hinterbeine dehnen, aber immer auf beiden Seiten des Hundes. Beginne erst mal mit kürzeren Sequenzen, bis dein Hund den angenehmen Effekt der Dehnung kennen und lieben gelernt hat und du die Streckung länger halten darfst. Ein paar Sekunden reichen am Anfang völlig aus. Drei Minuten zu halten ist die Königsdisziplin. Das möglichst lange Halten ist wichtiger als eine möglichst tiefe Dehnung und viel Zug. Dein Ziel sollte also sein, die Zeitintervalle zu verlängern, und erst, wenn das gut klappt, langsam den Zug in die Dehnung zu verstärken.

SCHRITT FÜR SCHRITT

— Massiere deinen Hund zuerst und lasse ihn für die Dehnung auf der Seite liegen.
— Setze dich an die Rückenseite deines Hundes.
— Umfasse vorn den Oberarm des Hundes mit der ganzen linken Hand.
— Lege die rechte Hand oberhalb der linken auf den Hund und lasse sie dort flach und mit Druck liegen.
— Ziehe den Oberarm so weit oben wie möglich nach hinten. Ziehe nicht am Fuß, sondern ganz oben, wo es nicht weiter hoch geht, direkt unter der Brust.
— Drücke nun zusätzlich die Fingerspitzen der rechten Hand unter den Schulterknochen und ziehe aus der Kraft der Fingerspitzen die Schulter mit nach hinten.
— Ziehe in einem geraden Winkel nach hinten, ohne das Bein vom Körper abzuspreizen oder nach unten zu drücken.
— Stoppe an der Stelle, an der es nicht weitergeht, und halte dort ganz still. Bewege weder dich noch deine Hände, halte den Zug ohne Veränderungen gleichmäßig aufrecht.
— Nur wenn dein Hund ganz entspannt ist, erhöhst du den Zug leicht und sehr langsam und hältst, dann wartest du wieder mehrere Sekunden ab.
— Wehrt sich dein Hund, hast du zu weit gezogen. Gehe langsam so weit aus der Dehnung raus, bis es okay für deinen Hund ist. Er bestimmt, wann es zu viel ist!
— Lasse das Bein niemals plötzlich oder ruckartig los, sondern führe alle Bewegungen in den Zug oder aus dem Zug heraus sehr langsam aus und halte das Bein die ganze Zeit fest, auch wenn du im Zug nachgibst.
— Wenn dein Hund zappelt, halte fest dagegen, bewege das Bein aber gleichzeitig langsam aus der Dehnung heraus. Du gehst mit, lässt aber nie ganz los und bestehst auf ein vorsichtiges Weitermachen.
— Halte die maximale, aber noch angenehme Dehnung ganz still und unverändert für bis zu drei Minuten. Dafür legst du am besten eine Uhr oder einen Timer neben dich oder lass ein ruhiges Lied laufen, das ungefähr drei Minuten lang dauert.
— Steigere die Zeitintervalle langsam und beginne mit ein paar Sekunden.
— Schließe wenn möglich die Augen und verharre regungslos. Atme dabei so langsam, wie du kannst, ganz tief und gleichmäßig.
— Lass die Schulter ganz langsam wieder nach vorn gleiten und lasse erst am Ende langsam los.
— Bleibe noch ein paar Sekunden ruhig sitzen, streiche die Schulter des Hundes kurz und kräftig nach oben Richtung Körper/Herz hin aus und schau, ob dein Hund sich strecken mag.

Weniger ist mehr! Die Dehnung entspannt halten zu können ist wichtiger, als möglichst weit zu dehnen.

Das Vorderbein und die Schulter bilden eine gerade Linie nach hinten.

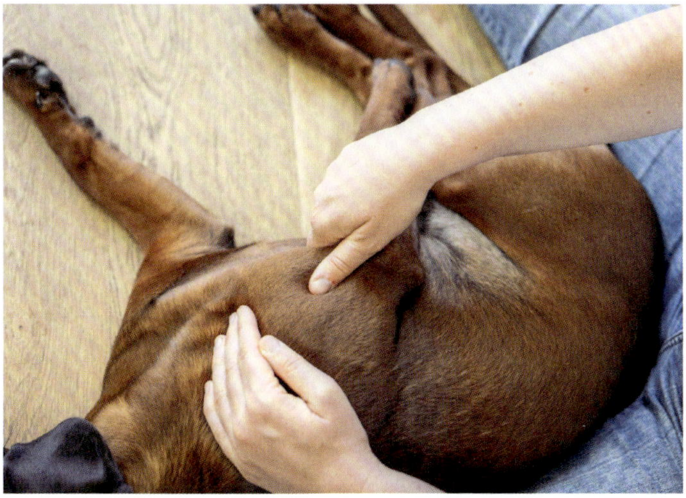

Die Dehnung wird durch Druck von vorn und nicht durch Zug nach hinten ausgelöst.

Nur wenn der Hund in der Dehnung ganz entspannt bleiben kann, ist sie angemessen.

DEHNUNG FÜR DIE HINTERHAND

Der Hinterfuß wird gehalten, sodass er nicht nach unten fällt.

- Greife mit der rechten Hand ganz oben, direkt unter der Taille, in den Oberschenkel des Hundes. Ziehe niemals am Knie, Bein oder Fuß, sondern nur ganz weit oben in der Leiste!
- Lege die linke Hand oben an den Rücken des Hundes, neben die Wirbelsäule, um leichten Gegendruck nach vorn ausüben zu können, oder lege ihn mit dem Rücken an deinem Bein an.
- Stütze das Hundebein unten ab, damit es nicht in der Luft schwebt.
- Ziehe das Hinterbein vorsichtig langsam und gerade nach hinten. Achte darauf, dass du es weder nach außen hochklappst noch nach unten drückst, sondern auf einer geraden Achse zurückziehst.
- Halte auch hier regungslos für bis zu drei Minuten. Wenn möglich, schließe die Augen und atme bewusst langsam und tief.
- Zuckt dein Hund oder zieht dagegen, lockere langsam die Dehnung, lasse aber nicht vollständig los, sondern bringe ihn sanft, aber bestimmt wieder in Position.
- Führe das Bein langsam wieder nach vorn und lockere den Gegendruck wieder in der linken Hand.

Beim Druck auf die Hinterbeine muss sehr weit oben in die Leiste gegriffen werden, um nicht aufs Knie zu drücken.

- Nicht der möglichst starke Zug ist (bei beiden Dehnungen!) entscheidend, sondern ein möglichst langes Halten, während der Hund entspannen mag. Achte hier sorgfältig auf die Reaktionen deines Hundes.
- Bleibe noch ein paar Sekunden ruhig sitzen, streiche das Bein des Hundes kurz und kräftig nach oben Richtung Körper/Herz hin aus und schau, ob dein Hund sich strecken möchte.

Nach den drei ersten Übungen solltest du ein wesentlich besseres Gefühl dafür haben, wie und wo du deinen Hund anfassen kannst, wie viel Druck und Zug viel ist und wie viel nicht und wie tief du bei deinem Hund greifen kannst, ohne ihm weh zu tun.

Machst du die Übungen mehrere Tage hintereinander oder sogar regelmäßig in eurem Alltag, dann wird das eine heilende Wirkung auf Verspannungen und Stresszustände deines Hundes und auch von dir selbst haben. Auch sein Gangbild und seine Flexibilität im Körper und im Geist können dadurch positiv beeinflusst werden. Es bietet sich also an, diese Übungen begleitend zu einer verhaltensverändernden Trainingsmaßnahme zu machen oder den Auswirkungen von Alterserscheinungen vorzubeugen. Jede Lockerung im Körper hat immer auch die Möglichkeit auf eine Lockerung im Geist zur Folge. Körperarbeit oder -therapie könnte man es nennen.

WUSSTEST DU …

Eine intensive Dehnung aktiviert und reizt die Muskelspindeln und sorgt für eine bessere Durchblutung. Dadurch wird das Gewebe beim Laufen besser versorgt und trainiert und der Hund erhält eine gesunde und entspannte Muskulatur.

GEMEINSAM DEN ATEM HÖREN

Auf einmal sind es die kleinen Dinge, auf die der Fokus fällt. Kennt man sich ein bisschen, dann erkennt man sich blind am Schritt, an der Stimme und am Herzschlag.

ATMUNG UND GEMÜTSZUSTAND

Die Atmung verrät etwas über unseren Gemütszustand, man kann also anhand unserer Atmung sehen und hören, ob wir aufgeregt, unglücklich, verkrampft, ängstlich oder fröhlich sind. Diese Kommunikation findet nicht bewusst statt, sondern der Körper macht einfach das, was zu den Hormonausschüttungen und der Spannung im Körper passt.Sind wir aufgeregt, weil wir ängstlich oder wütend sind, dann sorgt der steigende Adrenalinpegel im Blut für ein stärkeres Pumpen des Herzens, was zu einer schnelleren Atmung führt. Wird der Körper extrem aktiviert, kommt es zu Keuchen und Hecheln. Stress im Körper, egal ob durch intensive Gefühle ausgelöst oder durch anstrengende Bewegung oder Hitze, zeigt sich unter anderem auch in der Atmung. Der Hund ist denselben Systemen im Körper ausgesetzt und kann damit ziemlich einfach „ertappt" werden, wie ruhig oder aufgeregt er gerade ist.

WECHSELWIRKUNG ZWISCHEN ATMUNG UND STIMMUNG

Genauso wie die Stimmung die Atmung beeinflusst, kann auch eine bewusst veränderte Atmung die Stimmung verändern. Das pure Tun, auch wenn es gespielt und erzwungen ist, verändert die Vorgänge im Körper und kann auch die Gefühlswelt beeinflussen. Das Erste, was wir machen können, ist, die Atmung unseres Hundes zu erkennen und auszuwerten, um darüber zu erfahren, wie er sich fühlt. Das Beobachten oder Ertasten der Atmung sagt uns also, ob unser Hund vielleicht etwas „runterkommen" sollte, ob er wirklich entspannt ist oder was ihn besonders intensiv in Wallung bringt. Seine Atmung ist für uns also ein messbarer Ausdruck von Anspannung oder Entspannung. Der zweite Punkt ist die Beeinflussbarkeit unserer eigenen Gefühle und die Wirkung nach außen. Um souverän und klar ein Verhalten zu unterbrechen, das unerwünscht ist, sollten auch das Gefühl und der Ausdruck ruhig und bestimmt sein. Um einem ängstlichen Hund Halt zu geben, ist es hilfreich, selbst Ruhe ausstrahlen und bestenfalls sogar fühlen zu können. Unsere eigene Atmung hat also auch den Zweck, auf uns Einfluss zu nehmen, während wir den Hund erziehen. Und nicht zuletzt sind wir in der Interaktion mit unserem Hund auch immer ein Vorbild. Was wir tun und wie wir es tun, lebt dem Hund vor, was normal ist. Das sollten wir jederzeit bedenken. Unsere Art im Konflikt hat auch eine Auswirkung darauf, wie unser Hund mit anderen Konflikten umgehen kann, je nachdem, was wir ihm vorleben. Die eigene Konfliktfähigkeit zu

schulen, hilft also uns im Umgang mit dem eigenen Hund, aber auch unserem Hund im Umgang mit seinen eigenen Konflikten mit anderen Hunden oder mit uns.
Unsere Atmung zu kontrollieren, hilft uns, uns ruhiger zu machen, die Konzentration aufrechtzuerhalten und zu entspannen.

EINMAL TIEF DURCHATMEN

Stress und Aufregung im Körper zeigen sich sichtbar und fühlbar an schnellerem Herzschlag und schnellerer Atmung. Widmen wir uns erst mal der Atmung als Kommunikationsmittel deines Hundes, um ihn besser einschätzen zu können und konfliktreiche Situationen besser bewerten zu können. Dafür bekommst du wieder ein paar Übungen. Als Erstes brauchst du aber den persönlichen „Normalnullwert", damit du einen Vergleichspunkt hast, an dem du messen kannst. Am allerbesten kannst du den persönlichen Entspannungswert direkt nach den Massageübungen messen, also wenn dein Hund richtig schön weich und entspannt ist. Lege eine Stoppuhr oder eine Uhr mit Sekundenzeiger so neben dich, dass du sie gut sehen kannst.

Erfühle die Tiefe und den Rhythmus der Atmung an verschiedenen Stellen des Brustkorbs.

WIE ATMET DEIN HUND?

— Lege die flache Hand ganz ruhig und ohne Druck auf den Brustkorb des liegenden Hundes und lasse sie dort ein paar Sekunden oder Minuten liegen (siehe Foto rechts). Warte, bis deine Stoppuhr an einer gut merkbaren Stelle, also einer vollen Zahl, angekommen ist, und zähle von da ab exakt eine Minute lang die Atemzüge deines Hundes.
— Notiere dir die Zahl, wie oft dein Hund innerhalb der Minute ein- und ausgeatmet hat, und fühle noch mal genau, wie hoch und tief sich der Brustkorb senkt.
— Beobachte danach noch mal den Bauch des Hundes, wie weich er ist und wie intensiv er die Atembewegung mitmacht.
— Prüfe mit den Augen, von wo bis wo im Hundekörper du die Atmung sehen kannst, wo sich vorn der Brustkorb anhebt und bis wie weit hinten der ganze Torso mitbewegt wird.

Du solltest im Ruhezustand des Hundes eine Atmungsaktivität sehen, die unter den Ellenbogen vorn beginnt und bei jedem Atemzug Ellenbogen und Schultern des Hundes leicht mitbewegt. Am hinteren Teil des Hundes sollte die Atmung bis zum Ende der Taille sichtbar sein. Der Bauch sollte sich leicht mitbewegen und so weich sein, dass dein Hund im Liegen eine dickere Taille hat als im Stehen. Falls dein Hund hier komplett anders atmet, obwohl er entspannt und ruhig ist, lass das tierärztlich abchecken, ob mit der Atmung und dem Herzen alles okay ist.

Die normale Atemfrequenz eines Hundes liegt zwischen 10- und 30-mal pro Minute. 30 Atemzüge in Ruhe wären für einen großen Hund auffällig viel, für einen sehr kleinen Hund aber noch normal. Nach deiner Messung solltest du wissen, wie viel dein Hund in Ruhe atmet, und kannst daran

Fühle dich „durch“ den Hund, wo du die Atmung am deutlichsten wahrnehmen kannst.

Vergleiche und zähle die Atemzüge beim ruhigen, wachen und aktiven Hund.

Miss noch mal in einer aufgeregten Situation und vergleiche alles miteinander.

auch bemessen, wann er in Aktivität, in Aufregung und in Übererregung ist. Und genau da beginnen wir mit dem Test.

ERREGUNG AN DER ATMUNG MESSEN

— Miss das erste Mal, wie links beschrieben, die Atemzüge in kompletter Ruhe, nach der Massage oder im Schlaf des Hundes, also im Liegen. Trage diese Zahl dann als erste in die Skala in der Tabelle ein und schreibe sie unter „Ruhig".
— Lass deinen Hund direkt nach der Massage aufstehen, sich schütteln und ein paar Schritte im Raum herumgehen, und halte ihn dann wieder fest, sodass er steht. Miss dann erneut seine Atemzüge im Stehen und trage das Ergebnis bei „Wach" ein.
— Nimm deinen Hund an die Leine und gehe mit ihm ein kleines Stück spazieren, irgendwo, wo ihr euch gut auskennt und keine große Ablenkung auf euch wartet. Nachdem sich dein Hund ein bisschen warm gelaufen hat, bleibe wieder stehen und miss die Atemzüge im Stehen. Trage den Wert unter „Aktiv" ein.
— Suche eine Situation auf, die deinen Hund in Aufregung versetzt: ein anderer Hund, der dicht an euch vorbeigeht, laute Geräusche, der beste Freund, der direkt vor euch steht, oder ein Hase auf dem Feld. Zähle auch hier die Atemzüge, entweder gleich in der Situation oder, wenn das nicht geht, sofort danach. Sollte dein Hund bellen, dann ist jedes Bellen ein Ein- und ein Ausatmen, und du kannst den Rhythmus und die Zahl sogar hören. Trage die Zahl für eine Minute Ausrasten unter „Erregt" ein.

ATMUNG UND GEMÜTSZUSTAND

RUHIG	WACH	AKTIV	ERREGT

Jetzt kannst du die Werte miteinander vergleichen und hast einen Anhaltspunkt zum Ermessen der Aufregung. Wenn du von nun an Situationen aus eurem Alltag betrachtest und dort auch die Atemzüge zählst, wirst du vielleicht überrascht sein, wie viel oder wenig in manchen Momenten dabei herauskommt. Ist dein Hund wirklich so außer Rand und Band, wie du es gedacht hast? Ist die Bewertung der Intensität einer Situation seine oder war es deine eigene? Vielleicht dachtest du, er wäre emotional völlig unhaltbar, wenn er andere Hunde anbellt, aber nun zeigt sich, dass er dabei eigentlich ziemlich locker ist? Vielleicht dachtest du, dein Lob über Leckerchen hilft ihm, doch nun fühlst du, dass ihn Futter in eine Übererregung bringt, unter der er sich schwer konzentrieren kann? Ist er wirklich so ruhig und entspannt, nur weil er stillsteht, oder rastet er wirklich so aus, nur weil du dachtest, er hätte Angst oder wäre wütend?
Benutze diese Technik in den verschiedensten Situationen, um differenzieren zu können, wie die Gefühle und der Erregungszustand wirklich sind und wo du vielleicht mehr oder weniger erwartet hättest. Du bekommst damit wichtige Informationen, an welchen Stellen du einwirken solltest, damit sich dein Hund nicht so hochdreht, oder was für ihn eigentlich leicht ist und er einfach nur aus Lust am Tun störendes Verhalten zeigt. Und natürlich auch, ob das Verhältnis zwischen Aufregung und Entspannung am Tag gesund und ausgeglichen ist. **Egal aus welchem Grund sich der Hund aufregt, die aufregenden Momente des Tages sollten immer durch eine etwa doppelt so lange Zeit der Ruhe ausgeglichen werden.**

Auch die Tiefe der Atmung kann jetzt als Vergleich herangezogen werden, um die Anspannung im Hund nach außen sichtbar zu machen.

Ein kleiner Trick ist es auch, den Hund hinzusetzen. Sitzt er, dann siehst du gut, ob er beim Atmen pumpend den Bauch einsaugt oder ihn locker hängen lässt. Ein sehr angespannter Bauch führt im Sitzen dazu, dass beim Rüden die Penisspitze hervorschaut, da im Penis des Hundes ein Knochen sitzt, der durch einen eingezogenen Bauch nach vorn gedrückt wird. Der herausragende Zipfel im Sitzen hat also erst mal nichts mit einer Erektion zu tun, sondern spricht nur für den Anspannungszustand des Bauches. Nur wenn die beiden runden Schwellkörper seitlich hinten am Penis zusätzlich stark sichtbar angeschwollen sind, ist es eine Erektion, die dieses Phänomen verstärkt.

FÜR WEN DIESE ÜBUNG BESONDERS GEEIGNET IST

Manche Hunde zeigen wenig Bewegung im Äußeren, sind aber innerlich aufgewühlt. Gerade bei starker Angst kann es passieren, dass sich Hunde versteifen und ganz still ausharren, während es im Inneren brodelt. Auch Wut, die zurückgehalten wird, lässt sich eher fühlen als sehen. Versucht der Hund, eine Emotion im Inneren zurückzunehmen und sich äußerlich zusammenzureißen, dann kann man das mit den Händen überprüfen.

Natürlich ist es toll, wenn der Hund aktiv versucht, sein Verhalten anzupassen und zu verändern. Genau das ist es ja, was wir über Training erreichen möchten. Aber Veränderung des Verhaltes ist auch harte Arbeit, und diese Arbeit braucht einige Zeit, bis das neue Verhalten wirklich entspannt gezeigt werden kann. Das Sortieren der neuen Informationen und die Anstrengung zu ertasten, kann dir helfen, besser einzuschätzen, an welcher Stelle der Verhaltensänderung dein Hund gerade steht.

Nehmen wir mal an, er soll bei einem Verhaltenstraining lernen, weniger auf Geräusche zu reagieren, weil er bei Gewitter und Feuerwerk große Angst zeigt. Du begleitest ihn in sich ganz langsam steigernde Geräuschkulissen, hältst ihn dabei wie später noch beschrieben (siehe Seite 168) und wartest, bis er sich beruhigt. In diesen Übungen kannst du immer wieder auf den Herz-Check zurückgreifen und ertasten, ob sich dein Hund tatsächlich herunterfährt und wann er nicht nur still dasitzt, sondern wirklich in seinem Körper etwas passiert. Auch für alle unterbrechenden Übungen ist es gut, immer wieder zu checken, wann du beginnen sollst. Jede Intervention deinerseits sollte immer *vor* dem Zustand der Übererregung begonnen haben! Greifst du in der höchsten Erregungsphase erst ein, dann können deine Maßnahmen nicht ausreichen und den Hund nur wütender machen. Wenn du also zu irgendeinem Zeitpunkt unsicher bist, wann du mit der Intervention beginnen sollst, dann suche erst mal den Punkt, an dem dein Hund zwischen „wach" und „aktiv" ist und den Konflikt wahrgenommen hat. Bei einem Anbellen anderer Hunde kann das der Moment sein, in dem in weiter Entfernung ein Hund um die Ecke biegt und ins Sichtfeld kommt. Das ist also bereits der Moment, in dem du einsetzt mit deiner Technik, so lange, bis der Hund wieder im Bereich zwischen „ruhig" und „wach" ist. Erst danach steigerst du die Ablenkung durch Näherkommen des Hundes, bis dein Hund wieder erregter ist, aber noch unter der Übererregung, und greifst erneut ein. Mit dieser Messung weißt du auch, wo dein Hund innerhalb des neu etablierten Verhaltens steht. Hat er zum Beispiel seit ein paar Tagen keinen Hund mehr angebellt, sein Herz pocht aber immer noch hoch, wenn er einen sieht, dann heißt das für dich, dass du hier pingelig dranbleiben musst und viele Übungssituationen weiter gezielt aufsuchen solltest. Außerdem erinnert es daran, nicht abzuwarten, ob der Hund es vielleicht schon ohne Unterstützung schafft, sondern direkt wieder einzugreifen, wenn er auch nur einen winzigen Hauch des alten Verhaltens ansetzt zu zeigen. Sehr viele gute Trainingsansätze verpuffen dadurch, dass der Mensch zu früh aufhört zu intervenieren, weil er denkt, dass es ja jetzt durch ist. Es geht hier aber nicht nur um ein einmaliges Verstehen, sondern um das Ändern von Ritualen und Angewohnheiten. Etabliertes Verhalten braucht Zeit, um sich in eine andere Richtung zu festigen, und die klare Information darüber, was verboten ist, muss über einen längeren Zeitraum sehr deutlich und konsequent immer wieder erfolgen, damit es wirklich fest sitzt. Solange der Hund also noch in den schnelleren Herzschlag kommt, wenn die Situation auftritt, egal wie er sich nach außen gebärdet, seid ihr noch nicht fertig mit dem Üben und es braucht mehr der fordernden Situationen und ein pingeliges Eingreifen deinerseits. Eine Verhaltensänderung zu erschaffen ist einfach, und kurzzeitig sind wahre Wunder möglich. Bis im Inneren des Hundes jedoch das neue Verhalten zu seiner persönlichen Wahrheit wird, dauert es aber länger und muss begleitet werden. Egal um welches Verhalten es geht. Ist dieser Prozess vollständig durchlaufen, wird dein Hund nicht nur ruhig an anderen Hunden oder dem Feuerwerk vorbeigehen, sondern ehrlich entspannt und zufrieden dabei sein. Das Gefühl folgt dem Körper, ist aber viel langsamer.

WUSSTEST DU …

Sobald der Körper oder der Geist ein Problem bewältigen muss, kommt es zu Stresshormonausschüttungen, die Atmung und Herzschlag beschleunigen. Das ist ein ganz normaler Prozess, der mehrmals täglich aktiviert wird und vollkommen ungefährlich ist, solange er nur kurzfristig auftritt. Stress ist nicht grundsätzlich schlecht oder gar schädlich.

DEN ANDEREN BEWEGEN

Im weiteren Verlauf des Zusammenlebens findet man unweigerlich heraus, wie sich das Gegenüber bewegen lässt und wo es ins Stolpern gerät. Um einen gemeinsamen Weg miteinander gehen zu können, müssen wir wissen, wie wir den anderen in Bewegung oder Statik bekommen.

Beim Rückwärtsgehen schiebt die Vorderhand den Hund zurück.

BEWEGUNGSMUSTER

Was kann so ein Hund eigentlich an Bewegungen machen, ohne sich wehzutun und wie löst du sie aus?

Wenn du deinen Hund weg- oder heranziehst, dann sollest du wissen, wo an seinem Körper du drücken musst. Den Hund in eine Position zu bringen, also mit den Händen dahin zu formen, beinhaltet immer zwei Punkte: Wohin ziehst du? Wo hältst du gegen? Jede Bewegung braucht einen Ankerpunkt, der abstoppt oder gegenhält, und einen Zugpunkt, der die Bewegung auslöst. Werden diese Punkte nicht richtig festgelegt, dann führt es zu wilden Bewegungen und unkontrolliertem Gezappel oder zum Entziehen aus dem Druck. Den Hund zu bewegen, heißt also gleichzeitig auch immer, ihn an einer anderen Stelle des Körpers zu stoppen. In allen folgenden Übungen ist der Ankerpunkt der zentrale Punkt, auf den du immer als Erstes schaust. Entscheide deswegen bei allen Techniken zuerst, wo der vordere Teil des Hundes bleiben muss und geankert wird, und stelle das her, bevor alles Weitere folgt. Solltest du irgendwo den Faden verlieren, konzentrierst du dich immer wieder nur auf diesen Punkt und stellst ihn her oder hältst den Hund so, dass er direkt dort bleibt. Danach erst bewegst du den Hund so, dass er seine Beine verstellen muss. Und da gibt es ein bisschen was zu beachten. Schauen wir uns also die großen Bewegungsmuster einmal genauer an, die in

unserem Nahbereich stattfinden können. Darunter fallen: einen Schritt nach vorn, hinten oder zur Seite machen, hinsetzen, aufstehen, hinlegen, aus dem Liegen aufstehen, hochspringen, wieder nach unten absenken.

Seitliche Bewegungen müssen eng geführt und am Hals abgesichert werden, damit der Hund nicht vorwärts ausweicht.

EINEN SCHRITT VOR DEN ANDEREN

Viel schwieriger, als mit dem Hund zu gehen, ist, mit dem Hund einen einzigen Schritt zu machen.

Welcher Fuß setzt eigentlich wo auf? Der Takt beim Schritt ist ein Vierertakt, das, was die Deutschen gern bei Schlagerpartys mitklatschen. Es ist immer nur ein Fuß vollständig vom Boden abgehoben und es setzt jeder Fuß nacheinander am Boden auf. Das Heben und Auftreten ist aber sehr fließend und geht ineinander über. Hunde sind Kreuzgänger, sie treten also abwechselnd mit rechts und links auf und nicht wie im Passgang gehende Tiere, wie beispielsweise Kamele, Giraffen und Elefanten, einseitig belastend.

Einige Hunde laufen trotzdem im Passgang, das kann eine angezüchtete Eigenart sein, aber auch auf Probleme im Bewegungsapparat und Schmerzen hinweisen und manchmal aber auch einfach bequem sein, wenn sie langsam laufen.

Die normale Fußfolge im Schritt sieht so aus: Die erste Pfote startet das Loslaufen. Nehmen wir mal rechts vorn. Dann zieht das gegenüberliegende Hinterbein nach, also links hinten. Danach fußt das linke

01

01 Beobachte, wie sich dein Hund im Schritttempo bewegt.

02 Trab ist weich und federnd und braucht etwas mehr Tempo.

03 Im Galopp macht der Hund einen Sprung im Bogen nach vorn.

Fußfolge im Schritt

02

03

Vorderbein wieder und als letztes das rechte Hinterbein. Vorn rechts, hinten links, vorn links, hinten rechts. Und jetzt schauen wir mal, ob du es fühlen kannst. Denn um deinen Hund mit den Händen zu bewegen, musst du wissen, wie er sich bewegen kann. Wo dein Druck herkommen soll, damit du ihn nicht zum Stolpern bringst, und er lernen kann, deiner Führung zu vertrauen. Laufe mal in Gedanken mit Händen und Füßen nach. Achte darauf, dass du wirklich im Schritt gehst und nicht im Passgang. Du kannst auch auf allen vieren durch den Raum krabbeln, dann merkst du automatisch, wie es funktioniert.

EIN GEMEINSAMER SCHRITT IN DIE RICHTIGE RICHTUNG

ÜBUNG ZUR VERTRAUENSFÖRDERUNG, GEDULD UND ANPASSUNG

Jetzt bringst du deinen Hund dazu, einen Schritt zu machen, allerdings anders als sonst. Du setzt seine Füße dabei mit deinen Händen und kniest neben ihm auf dem Boden, um jede Bewegung zu führen wie bei einer Puppe oder Marionette. Alle Bewegungen, die der Hund selbst machen möchte, werden durch dich verhindert oder

Wer wen mit dem Körper geleitet und führt, ist auch unter Hunden eine wichtige Frage des Status.

wieder mit der Hand korrigiert. Stelle deinen Hund für die Übung gerade hin. Entweder in einem Raum oder einer anderen reizarmen Umgebung, in der ihr allein seid. Am besten hast du eine Hilfsperson dabei, die deinen Hund problemlos anfassen darf. Halte den Hund an kurzer Leine und sorge zunächst mit deinen Händen dafür, dass er ruhig und gerade steht. Falls das noch nicht so klappt, übe erst das Hinstellen und Stehen lassen, bevor du weitermachst. Arbeite ohne Kommandos und in besonderer Ruhe. Immer ein Schritt nach dem anderen, das gilt auch im übertragenen Sinn.

Kannst du den Hund nicht stehen lassen, dann solltest du ihn erst recht nicht in Bewegung bringen. Wenn dein Hund aber ruhig steht, dann beginne mit dem Setzen seiner Pfoten.

Die Hilfsperson stützt den Hund dabei am Torso von oben über ihn gebeugt oder hält auf deine Anweisung einzelne Pfoten am Boden oder nach oben. Du hockst seitlich neben deinem Hund. Deine Hilfsperson kann auch hocken, wenn das besser funktioniert. Bist du allein, musst du dich von hinten über deinen Hund beugen. Probiert euch aus, wie es am besten funktioniert, und wechselt zur Not zwischendurch die Position. Der andere Mensch hat dabei den klaren Auftrag, still zu sein und nur leise und sanft zu stützen und deinen Anweisungen zu folgen. Bleibe mit deiner Aufmerksamkeit bei deinem Hund und unterhalte dich nur sehr leise mit dem anderen Menschen. Aus Respekt deinem Hund gegenüber wird diese Übung so konzentriert durchgeführt wie möglich. Für deinen Hund ist das eine merkwürdige Situation und er lernt hier viel darüber, wie du mit ihm umgehst. Bleib dir also dieser Verantwortung bewusst.

Stelle jetzt jede Pfote hintereinander in der richtigen Reihenfolge und lasse deinen Hund so in Zeitlupe einen Schritt nach vorn

gehen. Nimm dir viel Zeit und arbeite langsam. Dabei stellst du die Füße des Hundes dahin, wo sie hingehören. Stellt der Hund die Pfoten selbstständig oder korrigiert eine Position, dann nimm die Pfote erneut auf und stelle sie dahin, wo sie vorher war. Überlege, weshalb dein Hund korrigiert hat. Warst du zu schnell? Hast du den Schritt zu groß gestellt, sodass er nachziehen musste, weil er sonst umgefallen wäre? Hast du den Hinterfuß wirklich weit genug nach vorn gestellt?
Bleib offen für die Frage, ob du einen Fehler in der Schrittfolge oder Schrittlänge gemacht hast oder ob dein Hund sich nicht darauf einlassen möchte. Finde den goldenen Punkt, dich durchzusetzen und vorzugeben, was passiert, und trotzdem im Blick zu behalten, ob dein Hund auch folgen konnte und du ihn nicht aus dem Gleichgewicht gebracht hast.
Bleib dran und übe das ein paarmal mit Pausen dazwischen, bis dein Hund und du euch gut eingefunden habt. Manchmal musst du eventuell den Hundefuss ein paar Sekunden auf dem Boden halten, bis der Hund fest auftritt und ihn dort stehen lässt. Manchmal musst du eine zappelnde Pfote halten, bis es weitergehen kann. Stabilisiere den Hund so, dass er niemals umfällt oder stolpert, und lass ihn gleichzeitig nicht aus der Übung aussteigen oder sich wegbewegen.

FÜR WEN DIESE ÜBUNG BESONDERS GEEIGNET IST

Hunde, die mit ständig vorauseilendem Gehorsam reagieren, immer denken, sie wüssten sowieso, was als Nächstes kommt, und die dazu neigen, nicht richtig zuzuhören, was erwartet wird, werden von dieser Übung profitieren.

In dieser Übung können Hunde lernen, sich anzupassen und wirklich geduldig zu bleiben. Es ist ein bisschen wie die für Menschen schon etwas abgenudelte vertrauensfördernde Übung aus teambildenden Maßnahmen, bei denen sich die Teammitglieder gegenseitig blind führen oder in die Hände der anderen fallen lassen sollen – klischeehaft, aber zu Recht immer wieder verwendet. Sich führen zu lassen, wird hier zum Sinnbild für die ganze Beziehung.
Auch deine Art zu führen ist hier etwas, was weit tiefer wirkt als nur auf die Bewegung des Hundekörpers. Du führst konsequent, ruhig und verbindlich. Deine Regeln gelten und du setzt sie durch, während du achtsam und fair bleibst. Das alles sind Dinge, die als Spiegel für eure gemeinsame Art, durchs Leben zu gehen, stehen können, wenn du dich darauf einlässt.
Ich kann dir empfehlen, es mehrmals auszuprobieren, mit und ohne Hilfe anderer Menschen und vielleicht sogar mit einem anderen Hund, den du kennst und magst. Du wirst merken, dass es wichtig sein kann, pingelig auf etwas zu bestehen, und dass diese vermeintlich einfache Übung ganz schön schwer sein kann und auch, dass sie euch helfen wird, andere Maßnahmen der Körperpflege besser zu bewältigen, weil dein Hund lernt, dir zu vertrauen und sich auf dich einzulassen.
Vertrauen ist hier übrigens ein gutes Stichwort. Vertrauen entsteht nicht dadurch, dass du deinen Hund alles entscheiden lässt und ihn alles machen lässt, was er will. Ihn loszulassen, wenn er sich wehrt, schafft also kein Vertrauen. Stattdessen kann er hier lernen, dass du weißt, was du tust und deine Entscheidungen selbstsicher kommunizieren und durchsetzen kannst. Diese Übung schult also auch dich, deine Entscheidungen besser zu durchdenken und dann gezielter dranzubleiben. Erst denken, dann durchziehen ist eine wichtige Fähigkeit einer Führungspersönlichkeit.

HINSETZEN UND AUFSTEHEN

Hast du schon mal genauer beobachtet, wie sich ein Hund hinsetzt oder hinlegt und aufsteht? Falls nicht, wird es jetzt Zeit!

Der Hund macht seine bewussten Bewegungen aus der Vorderhand. So weit waren wir schon. Das gilt auch für Hinsetzen, Hinlegen und Aufstehen.

— Steht der Hund gerade und möchte sich setzen, so schiebt er die Vorderhand rückwärts Richtung Po und senkt diesen dann ab. Seine Vorderbeine stehen also danach etwas weiter hinten auf dem Boden als zuvor, während seine Hinterbeine an derselben Stelle bleiben oder im Nachgang ein Stückchen nach vorn rücken.

— Soll dein Hund nun neben deinem Bein sitzen und dabei mit seiner Schulter auf der Höhe deines Unterschenkels sein, dann muss er zuvor etwas weiter vor deinem Bein stehen, um am Ende neben dir zu landen. Legt er sich aus dem Sitzen hin, dann wird auch diese Bewegung von den Vorderbeinen ausgelöst und diese krabbeln nach vorn. Der Hund

01

02

03

04

05

06

01–04
Aus dem Sitzen ins Liegen schieben. (01) Der Po bleibt an derselben Stelle, während die Vorderbeine weiter vorwandern. (02) Am Ende liegt der Hund etwas weiter vorn, als er gesessen hat. (03) Beim Aufstehen zieht er sich wieder aus der Vorderhand nach oben. (04)

05–07
Beim Hinsetzen schieben die Vorderbeine zurück. Der Hund wandert also ein Stück nach hinten, im Gegensatz zum Stehen. Startet man mit den Vorderbeinen hinter der Linie der Wade, dann sitzt der Hund zu weit hinten und man muss einen Schritt nachrücken. Um möglichst wenige Bewegungen zu brauchen, sollte der Hund also mit den Vorderbeinen etwas vor der Linie der eigenen Waden stehen, bevor er hingesetzt wird.

07

kommt mit der Schulter also wieder ein Stück vor.
— Legt er sich dagegen direkt aus dem Stehen hin, dann drückt er sich nach hinten und landet wieder eher ein bisschen weiter hinten als im Stehen.

Lass deinen Hund ein paarmal mit jemand anders an der Leine sitzen, liegen und aufstehen und beobachte sein Bewegungsmuster. Nimm ihn nah an dein Bein und lasse ihn sitzen und liegen, ohne dich selbst zu bewegen, damit du abschätzen kannst, mit welcher Varianz an Zentimetern du rechnen musst und wo er genau stehen muss, um wo zu sitzen oder zu liegen.
Du kannst dich auch an eine klar erkennbare Grenze am Boden stellen, zum Beispiel an eine andere Farbe in den Pflastersteinen, oder du malst mit einem Stock eine Furche in den Boden. Dann stellst du die Vorderfüße des Hundes direkt vor die Grenzlinie und lässt ihn erst sitzen, dann aus dem Sitzen hinlegen und dann noch mal aus dem Stehen hinlegen und schaust, wie weit vom Grenzstrich entfernt seine Schultern und Vorderfüße jeweils landen, nachdem er die Bewegung ausgeführt hat.

Das bewusste Weglehnen vom Hund öffnet ihm den Raum zum Näherrücken.

MUND ZU, HERZ AUF!

Der Effekt der Techniken, die ich im Folgenden beschreibe, ist gewaltig. Allerdings sind sie schwer. Schwer für dich! Bei den Techniken, die jetzt kommen, geht es nicht um das, was man kennt. Kein Reden, keine Kommandos, kein Futter. Es wird alles anders sein und dir viel abverlangen, was vielleicht bisher nie ein Thema war.

GEDULD

Als Allererstes brauchst du Geduld. Und damit meine ich nicht, dass es lange dauert, bis du Erfolge siehst. Ganz und gar nicht. Ich meine die Zeit in der Übung selbst. Du wirst über mehrere Minuten oder sogar eine ganze Stunde ruhig bleiben müssen, selbst wenn dein Hund tobt. Auch dann, wenn deine Gefühle Achterbahn fahren, du vielleicht große Körperkraft brauchst, es unangenehm oder sogar schmerzhaft wird. Du wirst der Baum sein, der im Sturm steht und sich leicht mit dem Wind biegt, sich anpasst und mitschwingt, ohne zu brechen und trotzdem felsenfest in der Erde verwurzelt bleibt. Du wirst keine Kommandos geben, still sein und nicht sprechen, deinen Blick beruhigen und ins Leere gleiten lassen, ohne deinen Hund aus den Augen zu verlieren. Du wirst den schmalen Grat zwischen Helfen und Entdeckenlassen begehen, zwischen körperlichem Halten und innerlichem Loslassen. Du wirst deinen Atem und deine Impulse kontrollieren. Denn nur so kann es funktionieren.

DEINE GEFÜHLE ZURÜCKSTELLEN

Deine Gefühle stehen hinter denen deines Hundes zurück in diesen Techniken. Du bist die Person, die anleitet und sich ganz klar durchsetzt, ohne zu zögern. Gleichzeitig gibst du gedanklich deinem Hund die Freiheit, zu reagieren, wie er fühlt, sich auszuprobieren und die Möglichkeit zu bekommen, Erfahrungen zu durchleben. Das alles, ohne unter Zeitdruck zu geraten oder gemaßregelt zu werden aufgrund seines Verhaltens.

Die innere Einstellung zu bewahren, durchsetzungsstark und klar zu halten, nicht lockerzulassen und nicht nachzugeben und trotzdem im Geiste zugewandt, weich und aufgeschlossen lernen zu lassen ist die große Kunst, die darüber entscheiden wird, ob du dieses Buch am Ende als sinnlos betitelst und in die Ecke wirfst oder mit den hier beschriebenen Techniken eine Art der Kommunikation mit deinem Hund findest, die dir das Gefühl gibt, ein neues Level der Intensität eurer Freundschaft zu erreichen. Ich versuche nach bestem Wissen begreiflich zu machen, was ich meine und wie du zu einer guten Umsetzung finden kannst. Damit du deinen eigenen Weg mit deinem Hund finden kannst.

WUSSTEST DU …

Wahrnehmungskanäle wie „Hören", oder „Sehen" bewusst reduziert einzusetzen erhöht die Wahrnehmung und Sensibilität beim Fühlen. Deswegen solltest du dich während der Übungen an ruhigen Orten aufhalten, nicht reden und ins Leere starren.

EIN GEMEINSAMER SCHRITT NACH VORN

Im Lauf einer Beziehung beschließt man irgendwann, einen neuen Schritt zu wagen, der einen auf eine andere Ebene bringt. Eine Entscheidung, gemeinsam voranzugehen.

In der folgenden Übung geht es darum, eine neue Erfahrung über die alten zu legen. Es ist der Versuch, eine winzige Strecke gemeinsam zu gehen und dabei wirklich miteinander zu sein. Du kannst dir dafür auch die Audiodatei (siehe Seite 95) auf dein Handy holen und über Kopfhörer laufen lassen, während du die Übung draußen machst. Mit einem sehr aufgeregten Hund und viel Platz kannst du sie auch im Haus oder im Garten machen.

Nutze dafür bitte ein festes und breites Halsband, kein Zugstopphalsband und auch kein Geschirr. Nutze außerdem eine möglichst kurze Leine und halte sie während der ganzen Übung so kurz, dass dein Hund bequem neben dir stehen oder sitzen kann, aber mehr auch nicht. Die Leine sollte dabei nicht auf Zug sein, also ein paar Zentimeter durchhängen.

— Checke die Umgebung sorgfältig ab. Es sollte ein ebener Boden um dich herum sein und es darf niemand plötzlich angerannt kommen und euch stören.
— Du brauchst nicht viel Platz und es muss auch kein Rasen unter den Füßen sein.
— Nun stell dich gerade hin und schließe die Augen. Atme tief ein und aus und entspanne deinen Körper und dein Gesicht, ausschließlich deine Hand, in der du die Leine hältst, ist fest.
— Wenn möglich, halte deinen Hund mit einer Hand. Du kannst die Leine aber auch mit beiden Händen halten, Hauptsache, sie bleibt von nun an immer gleich kurz.
— Ziehe und ruckel nicht an ihr, halte sie so ruhig und statisch wie möglich an einer Stelle, egal was dein Hund tut.
— Lasse deine Augen geschlossen und bleibe so lange stehen und atme nur, bis du ganz ruhig bist. Versuche dabei, deinen Hund auszublenden und nur die Leine wahrzunehmen, die du hältst.
— Wenn du entspannt bist, gehst du einen einzigen Schritt vorwärts und bleibst sofort wieder stehen.
— Atme dreimal sehr langsam und tief ein und aus, lasse die Augen geschlossen.
— Dann gehst du noch mal einen einzigen Schritt, bleibst wieder still stehen, atmest und wiederholst das.

Gehe so ruhig und langsam wie möglich und bewege wirklich nur deine Beine, der Rest deines Körpers bleibt ganz still und gerade.

Wer in der Statik keine Vorgaben machen kann, der kann es erst recht nicht in der Bewegung!

Markierungen am Boden zeigen in der Übung, ob man die Position der eigenen Füße und die der Hundefüße aufrechterhalten kann.

FÜHLE DEINEN HUND!

Wiederhole diese Schritte und beginne bei jedem Stehenbleiben zu fühlen, was dein Hund von unten für eine Energie mit einbringt. Es gibt kein Richtig oder Falsch. Beobachte nur, aber mit geschlossenen Augen. Du wertest nur aus, was du fühlst und was passiert. Vielleicht berührt dein Hund dich am Bein, vielleicht zieht er an der Leine oder will sich plumpsen lassen und hinlegen. Vielleicht springt er dich auch an oder bellt. Egal! Mach ganz in Ruhe weiter, bis du etwa fünf bis zehn Schritte so gemacht hast, und konzentriere dich nur auf das Fühlen, während du stehst. Deine Entspannung steht im Fokus.

Danach beendest du die Übung, indem du erst die Augen öffnest, noch kurz so stehen bleibst und dann wieder gehst oder deinen Hund laufen lässt. Sei ein gutes Vorbild und bleibe selbst noch ein bisschen in einer konzentrierten Stimmung und Ruhe.

FÜR WEN DIESE ÜBUNG BESONDERS GEEIGNET IST

Diese kleine Übung kann richtig viel bewirken. Sie bringt dich zur Ruhe und vielleicht auch deinen Hund. Aber sie tut auch viel mehr. Du schulst dich in der körperlichen Wahrnehmung und lenkst dich vom ständigen Gucken ab. Da du nichts sehen kannst, bleiben auch Bewertungen mehr außen vor und du durchbrichst damit ein Konzept, das dein Hund schon lange kennt. Da du alles anders machst, bleibt ihm plötzlich nicht mehr das gewohnte Muster für sein Verhalten. Das rüttelt einiges durcheinander und macht den Kopf frei für Neuerungen. So ist das eben, wenn man denkt, man kennt den anderen in- und auswendig und der verhält sich plötzlich ganz anders. Das verwirrt und weckt auf und macht ein fettes Fragezeichen über dem Kopf. Und mit einem Fragezeichen nimmt man Veränderungen einfach besser auf, als wenn man in seinen Mustern feststeckt.

Dasselbe gilt natürlich auch für dich. Während du vorher vielleicht an der Leine geruckelt und gezogen, gelockt, gerufen und geseufzt hast, hast du jetzt den klaren Auftrag, nichts zu tun. Das kann manchmal schwerer sein, als etwas tun zu müssen.

Ziel ist, dass ihr euch wieder ein bisschen voneinander loseist auf ein gesundes Maß an Gemeinsamkeit ohne Verschmelzung, dass du besser wirst im Fühlen, dass du dich schulst in Ruhe und Konzentration und, vor allem, dass du eine Situation schaffst, in der du eine Stimmung vorgibst und hältst, egal was dein Hund tut. Besonders geeignet ist die Übung für sehr unruhige Hunde und solche, die sich stark nach außen orientieren, wenn sie an der Leine gehen. Aber auch mit einem entspannten Hund kann sie eine tolle Erfahrung sein.

002

Zur Audiodatei
Anleitung zur Meditation im Gehen
Du brauchst dafür einen sicheren, ruhigen Ort draußen und solltest deinen Hund an der kurzen Leine halten.

GEMEINSAM SCHÖNE ERLEBNISSE SCHAFFEN

Zu einer Beziehung gehört es, sich miteinander eine angenehme Zeit zu machen, etwas zu finden, mit dem man sich zusammen beschäftigen kann. Dafür muss sich jeder ein bisschen auf den anderen einstellen und sich anpassen.

01

02

SPIELEN

Hunde spielen körperlich miteinander. Manchmal jagen sie sich gegenseitig, manchmal rangeln sie, und dann liegen sie nebeneinander und ringen mit offenem Maul zart die Schnauzen aneinander, begleitet von leichten Knurr- und Maunzgeräuschen.

ÜBUNG FÜR DEN ERNSTFALL

Spiel übt für den Ernstfall und enthält alle Verhaltensweisen, die es auch im Ernstbezug gibt, nur unsinnig zusammengewürfelt, ohne Konzept und ohne Ziel und ganz locker und weich. Beim Spielen gibt es keine Gewinner oder Verlierer und es muss beiden gleich viel Spaß machen. Hat einer der Spielenden keine Lust mehr, so muss der andere das akzeptieren. Er kann noch vorsichtig darum bitten, dass es weitergeht, aber wer ignoriert, dass das Gegenüber nicht mehr spielen möchte oder sich übergriffig oder ruppig verhält, wenn der andere abblockt, der spielt nicht mehr, sondern provoziert.

ACHTSAMKEIT LERNEN

Im körperlichen Spiel mit unserem Hund können wir uns üben, ihn anzufassen und achtsam mit ihm umzugehen. Gleichzeitig können wir spielerisch durchsetzen, dass auch er achtsam mit uns umgeht. Wir leh-

03

01 *Die Hand des Menschen ist wie das Maul des Hundes: das Werkzeug für alles.*

02 *Mit der Stärke meines eigenen Griffes gebe ich im Spiel die Intensität vor.*

03 *Im Spiel erfahre ich viel darüber, wie empfindlich mein Hund körperlich ist.*

ren ihn, wie Spiel okay ist und wie nicht. Wer also möglichst laut und wild mit dem Hund herumtobt und sich zum Schutz in einen dicken Wintermantel packt, der sollte wissen, dass er seinem Hund damit nicht nur beibringt, dass so ein Umgang mit anderen zu tolerieren ist, sondern auch, dass er ihm verwehrt zu lernen, sanft zu spielen. Jeder Hund kann das. Einige Rassen und Hundetypen mögen von sich aus eher ein lautes, brachiales Spiel. Andere bevorzugen aus eigenem Interesse ein sanftes Spiel.

ENERGIE HOCH- UND RUNTERFAHREN

Wichtig für die Lernerfahrung des Hundes ist es, zu erfahren, wie du selbst gern spielst und wo deine Grenzen sind, denn dann hat das Spiel mit dir auch einen Lernnutzen, und gleichzeitig kannst du üben, Energie aufzubauen und auch wieder „herunterzukochen" – und das alles über deinen Körper und deine Berührungen. Dann könnt ihr beide miteinander entscheiden, ob ihr heute wild oder sanft spielen wollt und zwischen den verschiedenen Intensitäten wechseln, ohne den Spaß zu verlieren.

Genau das wirst du jetzt mal ausprobieren. Spiel ist nicht zwingend notwendig für eine gute Beziehung und viele erwachsene Hunde spielen nur unter speziellen Voraussetzungen. Diese Voraussetzungen müssen also erst geschaffen werden, bevor es losgeht.

01 *02*

GRUNDSATZREGELN FÜRS SPIEL

- Spiel kann nur in einem sicheren Raum und einer entspannten Situation stattfinden, egal ob im Haus oder draußen! Wenn du den Ort zum Spielen aussuchst, wähle einen sicheren Ort, an dem niemand plötzlich angeschossen kommen kann. Fremde Hunde sollten nicht in Sicht sein und auch nicht plötzlich auftauchen können. Wenn du draußen bist, dann sollte an dem Ort keine Ablenkung wie Wildspuren, die Markierung einer läufigen Hündin oder Ähnliches da sein. Genauso wenig darf etwas ablenken, was für deinen Hund eine Verlockung ist, von der du ihn abhalten möchtest oder müsstest. Es bietet sich also unbedingt an, im eigenen Haus oder Garten zu spielen.
- Dein Hund sollte entspannt und gelöst sein. Hunger, Schmerzen, Sorgen oder Wut machen keine Lust auf ein entspanntes Spiel.
- Spiel ist weich, mit einer ausladenden, übertriebenen Körpersprache, albernen Gesichtern und ohne Absichten und Ziele.
- Spiel lässt sich nicht erzwingen. Es geht hier nicht darum, dass es „richtig" oder „falsch" ausgeht mit der Übung. Du kannst hier etwas lernen; auch wenn es nicht funktioniert und dein Hund nicht mitspielt, ist das möglich. Bleib also locker.

RICHTIG SPIELEN – SO GEHT'S

Wenn diese Voraussetzungen erfüllt sind, beginnst du mit dem Spiel, aber ganz langsam. Es geht darum, Sekunde für Sekunde wirklich zu gestalten und bewusst zu erleben. Schau deinen Hund also zuerst an und lächle. Denke daran, dass du jetzt spielen möchtest. Stell dir nur vor, wie du gleich zu ihm gehst und beginnen wirst und lass dein Lächeln zu einem verschmitzten Grinsen werden. Puste leise und lass die Luft aus dem Mund aus, als würdest du eine ganz kleine Feder über einen langen Tisch pusten, und schaue deinen Hund dabei direkt an. Sobald er deinen Blick erwidert, erstarre in der Bewegung, lächle weiter, ducke dich und schleiche dich übertrieben an ihn an. Überziehe die Bewegungen, halte den Blickkontakt und achte auf die Reaktion deines Hundes. Puste dabei wieder und behalte deinen schelmischen Blick bei. Immer wenn dein Hund dich ansieht, bleibst du kurz still stehen, als hätte er dich erwischt.
Wenn dein Hund bis dahin noch nicht mit Spiel reagiert hat, nähere dich ihm nur bis auf ungefähr anderthalb Meter und verharre dort. Findet dein Hund dich witzig? Kann er deine Bewegungen als Spielaufforderun-

01 Überzogenes „Anschleichen" ist eine gut erkennbare Spielgeste.

02 Rollentausch gehört zum Spiel. Hier wird der Hund zum Gejagten.

03 Und dann jagt der Hund wieder den Menschen.

03

gen deuten? Oder gruselst du ihn? Falls Letzteres der Fall sein sollte, halte inne und reflektiere deine Gedanken. Was ist dein Ziel? Was denkst du? Warst du vielleicht gerade beleidigt, fühltest dich abgewiesen oder dachtest, dass das sowieso nicht klappt? Warst du vielleicht sogar genervt von der Ignoranz deines Hundes, ungeduldig, zielorientiert und perfektionistisch? Dann hast du diese Gedanken auch körpersprachlich ausgedrückt und die Lockerheit und Leichtigkeit des Spiels verloren. Finde zurück in deine Witzigkeit und zur Lust aufs Spiel und bleibe neugierig und auffordernd. Versuche es noch mal und schau, ob du deinem Hund zumindest ein kleines Wedeln entlocken kannst. Wenn du Erfolg hast, dann nähere dich weiter und beginne ein vorsichtiges Spiel, indem du ihn mit den Händen immer wieder ganz sacht, aber schnell anstupst, die Hand schnell wieder wegziehst und deinen Körper weich hin und her bewegst, abduckst und wieder auftauchst, den Mund übertrieben aufreißt und große Augen machst oder dich zurücklehnst und wieder nach vorn wippst.

Bleibe dabei ganz wabbelig und weich im Körper, bewege dich in unterschiedlichen Geschwindigkeiten, halte kurz inne, um dann wieder hochzuhopsen. Die Schwierigkeit ist dabei wahrscheinlich nicht, deinen Hund dazu zu bekommen, mitzumachen, sondern eher dafür zu sorgen, dass ihr sanft spielt und an einem Ort bleibt. Kein wildes Gebolze, kein Rennen und auch kein lautes Händeklatschen. Übe dich in den leisen Tönen der Kommunikation.
Sobald dein Hund zu viel macht, zu wild wird, zu ruppig oder schnell, brichst du das Spiel ab. Dafür setzt oder stellst du dich aufrecht und angespannt hin, machst dein Gesicht fest, denkst: „Stopp! Das ist mir zu viel, hör auf!“, und bleibst bei diesem Gedanken. Drehe dich nicht weg und verlasse den Ort auch nicht, sondern bleibe genau da, wo du warst. Alles, was sich verändert, ist deine Körperspannung, deine Einstellung und dass du nicht mehr mitmachst. Bleibe aufrecht und schaue geradeaus mit ernstem Blick. Sollte dein Hund deine Körpersprache nicht sofort wahrnehmen und weitermachen, obwohl du dich dem Spiel körpersprachlich entzogen hast, dann greife ruhig nach ihm, ohne direkten Blickkontakt aufzunehmen und fasse ihn auf der Höhe seines Halses im Muskelmantel. Halte ihn konsequent und ohne einen Ton zu sagen fest. Halte ihn dort so lange, bis er ganz ruhig ist und du merkst, dass er nachdenkt. Dabei schaust du die ganze Zeit über ihn hinweg auf den Fußboden, bewegst dich nicht und atmest tief. Viele Hunde schauen erstaunt nach oben, schlucken geräuschvoll und werden plötzlich ganz schwer unter den Händen. Wenn dein Hund das tut, weißt du, dass er mitbekommen hat, dass sich die Stimmung hier verändert hat. Erst dann atmest du tief und langsam ein und aus und lässt deine Hände ganz langsam weich werden und den Hund

Eine entspannte und sichere Umgebung ist die Voraussetzung für freies Spiel.

los, ohne deine restliche Körperhaltung zu verändern. Erst wenn du sicher sein kannst, dass dein Hund nicht sofort wieder anfängt und du ihn dir zurück in die Parkposition holen musst, richtest du dich langsam wieder auf. Sammle dich danach wieder für ein paar Atemzüge und beginne von vorn. Wiederhole das so oft, bis dein Hund genau weiß, wann es angemessen ist, wie zu spielen, und achtsam mit deiner Stimmung mitgeht. Erst dann steigere die Intensität und Bewegung im Spiel. Wenn du es schaffst, deinen Hund zum Spielen zu bekommen und trotzdem genau auf dich zu achten und immer nur so sanft zu spielen wie du, dann bringe euch beide etwas mehr in Bewegung und laufe auch umher. Spiele mit deinem Hund mit deinen Händen und deinem Körper, schubse ihn leicht mit den Beinen oder dem Po, lauf vor und verfolge ihn. Schiebe und schubse ihn mit den Händen, sodass er

wieder zu dir ranspringen kann. Dabei darf er deine Hände und Arme mit dem Maul fassen, aber sehr, sehr vorsichtig.
Sobald es weh tut, brichst du das Spiel wieder ab. Es kann sein, dass du richtig üben musst, nicht ein Kommando auszusprechen, um deinen Hund vom Spiel abzuhalten. Wahrscheinlich musst du dich zusammenreißen, um deinen Hund nicht verbal zu loben, wenn du ihn stoppen und halten musstest und er sich dann beruhigt. Aus den eingefahrenen Mustern aus „Nein" und „Fein" wieder rauszukommen, ist auch für Menschen schwer. Vielleicht ist es auch neu für dich, keine Gegenstände zu benutzen und mit deinen Händen zu greifen und gegriffen zu werden.

Sei geduldig mit dir und deinem Hund und bleibe dabei, denn es geht nicht darum, möglichst viel zu spielen, sondern darum, zu lernen, Stimmungen nach oben zu heben und wieder „runterzukochen", ohne Kommandos zu geben und ohne Hilfsmittel dafür zu brauchen.

Variiere langsam, indem du das Spiel mal schneller und wilder, dann wieder langsamer und sanfter werden lässt. Probiere aus, wie du die Stimmung immer mehr lenken kannst, ohne den Kontakt lange abzubrechen. Vergiss dabei nie, deine Gedanken und Absichten zu reflektieren und authentisch zu handeln. Und merk dir wieder, wie stark du greifen darfst.

Die Mimik ist übertrieben und albern, um klar zu zeigen: Ich spiele!

MIT DIR SPIELE ICH NICHT!

Spiel übt für den Ernstfall. Wer die Stimmung beeinflusst und wer sich anpasst, wer es übertreibt und wer übervorsichtig oder schnell beleidigt ist, zeigt sich alles schon hier im Spiel.

HÄTTEST DU LUST, SO MIT DIR ZU SPIELEN?

Du bekommst deine Absicht nicht richtig vermittelt? Woran liegt es? Hat dein Hund keine Lust mit dir zu spielen, dann gilt die erste Frage: Hättest du Lust, so mit dir zu spielen? Damit ist nicht deine Art gemeint, dich zu bewegen, sondern deine Einstellung. Bist du voller leichter Gedanken, guter Stimmung, ohne Wertung, ohne Zwang, dass es jetzt klappen muss, weil es ja in diesem Buch steht?
Hast du schon vorher oder nach ein paar Sekunden des Versuchens aufgegeben, weil du denkst, dass das eh nichts wird? Bist du auf die Reaktion deines Hundes konzentriert und nicht auf deine eigene Stimmung und hast nun seine Stimmung angenommen, anstatt deine auf ihn zu transportieren? Gefühle von Genervtheit, Ablehnung und Peinlich-berührt-Sein treten in dir auf? Dann hat es mit der Stimmungsübertragung gut geklappt, allerdings in die andere Richtung. Dein Hund hat hier die Stimmung vorgegeben und du hast dich dieser Stimmung angepasst. Vielleicht ist dein Hund auch unsicher oder ängstlich, und nun sitzt du da und bist ebenfalls unsicher und voller Angst, etwas falsch zu machen oder ihn zu verschrecken? Sollte das passiert sein, dann ist das etwas Typisches, das nicht nur bei dir vorkommt, sondern eine wichtige Grundlage davon ist, wieso es bei dem einen mit dem Hund alles funktioniert und bei einem anderen so gar nicht, obwohl beide vermeintlich genau dasselbe tun.

VOM SELBSTMITLEID ZUR REFLEXION

Diese Erfahrung könnte zu einem wichtigen Augenöffner für dich werden, wenn du sie annimmst. Also raus aus dem Selbstmitleid und versteckter Wut darüber, dass ausgerechnet dein Hund hier nicht mitmachen möchte,und rein in die Reflexion. Denn genau hier hast du einen Kernpunkt am Wickel, der sich auch in euren Konflikten zeigen wird und der Wendepunkt werden kann für euer Zusammenleben.

EINE WICHTIGE ERKENNTNIS

Die Erkenntnis ist, dass du Stimmungen leichter annimmst als sie vorzugeben. Dein Hund dagegen scheint Stimmungen besser übertragen als annehmen zu können, und in diesem Punkt habt ihr euch auf eine ungünstige Weise gefunden und bestärkt euch gegenseitig. Wird dein Hund wütend, dann wirst auch du dazu neigen, wütend zu werden – auf deinen Hund, seine vermeintlich schlechte Erziehung oder andere Menschen und Hunde.
Vielleicht bellt dein Hund andere Hunde an und du hast gar nicht bemerkt, dass du plötzlich einen Hass gegen andere Hunde, die euch begegnen, entwickelt hast? Hast du schon dieselben Gedanken wie dein Hund, wenn euch andere Hunde begegnen? Wieso gehen die ausgerechnet hier entlang? Hoffentlich kommt der blöde Köter nicht zu uns rüber! Ich seh doch schon, dass der Mensch das nicht unter Kontrolle hat! Alle Hundehalter und -halterinnen sind unfähig,

Um entspannt spielen zu können, müssen die Verhältnisse zueinander klar sein.

alle anderen Hunde unerzogen ... und so weiter und so fort.

Sind das wirklich deine Gedanken, die du auch hättest, wenn dein Hund nie ein Problem mit anderen Hunden entwickelt hätte und super entspannt in jeder Hundebegegnung weitertrotten würde, egal was der andere tut? Wenn dein Hund aufgekratzt und zu wild wird, bist du dann auch wild und laut? Wenn dein Hund ungeduldig fiept, weil er spazieren gehen möchte, hast du dann das Gefühl von Zeitdruck? Wenn dein Hund unsicher ist, versuchst du dann zu erkunden, wieso genau, damit du es ändern kannst, und wirst ganz nachdenklich, was da wohl los sein könnte und woher es wohl kommt? Das alles sind Zeichen dafür, dass es allgemein zu einem Problem werden kann, wenn dein Hund die Stimmung vorgibt und sich dein Körper dem anpasst. Ich schreibe hier bewusst, dass sich dein Körper anpasst, denn du wirst das nicht bewusst und erst recht nicht gewollt tun. Es passiert einfach, und wenn man nicht hinsieht und gezielt versucht, wieder zu seinem eigenen Gefühl zu finden, dann ist das eine Spirale, die einen weiter nach unten dreht und das ganze Zusammenleben beeinflussen kann. Also schüttel dich einmal und versuche es noch mal. Ganz langsam, ganz leise und es ist

01

02

03

01 *Sozialspiel braucht keine Gegenstände und erst recht keine eingeübten Tricks und Kommandos.*

02 *Es besteht aus Kommunikation und der stetigen Veränderung und dem damit verbundenen Einstellen auf den anderen.*

03 *Beim Spiel gibt es kein Verlieren. Der Gewinn ist für alle da und heißt: soziale Nähe!*

04 *Gewollt schwächer tun, als man eigentlich ist, gehört zum Spiel dazu.*

04

völlig egal, ob dein Hund mitmacht. Nimm dieses Ziel weg und versuche die gleiche Übung noch mal nur für dich. Dein Hund darf machen, was er will, du alberst ein bisschen herum und achtest nur auf dich. Wenn dein Hund dich ansieht, als hättest du nicht mehr alle beisammen, lächle ihn an und bestätige ihn in seinem Vorurteil. Ja, heute spinnst du mal ein bisschen und es gibt nichts, was dich davon abhalten kann.
Ob dein Hund sich davon anstecken lässt, ist für die Übung zunächst zweitrangig. Wichtig ist, dass du mit guter Laune und einem ehrlichen Lächeln aufhören kannst, selbst wenn dein Hund die ganze Zeit nur fasziniert über deine Verrücktheit gestaunt hat. Probiere es morgen noch mal, bleib aufgeschlossen, ziellos und leicht in deinem Denken. Selbst wenn dein Hund niemals mitspielt, hast du etwas gelernt und er auch. Denn er beobachtet dich trotz allem sehr genau und wird durchaus registrieren, dass er dich nicht runterziehen kann und du zur Not auch mit dir selbst spielst.

SCHRITT FÜR SCHRITT

1. Spiele in einem entspannten Umfeld.
2. Bewege dich weich und schlaksig und übertrieben.
3. Rolle die Augen und reiße sie weit auf.
4. Lächle deinen Hund an und nutze unartikulierte Laute, die auffordernd und leicht klingen.
5. Vermeide Kommandos, Handzeichen oder Laute, die befehlende und kommandierende Aussagen in sich tragen wie Schnipsen mit den Fingern, lautes Klatschen oder Rufen des Hundes mit seinem Namen.
6. Tausche die Rollen mit deinem Hund, jage ihn mal und renne vor ihm weg, balge mit ihm und lass dich „fangen".
7. Begib dich kurzzeitig gewollt und übertrieben in die schwache Position, indem du dich hinlegst und abwehrst oder so tust, als würdest du umfallen oder als könntest du nicht schneller weglaufen.
8. Halte die Konzentration auf deinem Hund und beobachte genau, was ihm gefällt. Wenn du merkst, dass ihm etwas nicht gefällt und es das Spiel unterbricht, vermeide es in Zukunft und zeige deinem Hund, dass du dir Mühe gibst, seine gute Laune aufrechtzuerhalten.

FÜR WEN DIESE ÜBUNG BESONDERS GEEIGNET IST

Für alle, die nicht gern spielen. Sie können lernen, ganz kleine, leise Spieltöne anzuschlagen, ein bisschen zu feixen, heimlich zu Hause und für sich, weil es ihnen Spaß macht. Sie können einen kleinen Moment des Augenzwinkerns erleben, eine Sekunde der gemeinsamen Albernheit und Erfrischung, denn Humor lockert das Leben und die Beziehung auf. Es muss nicht viel sein, es muss nicht laut und wild sein. Manchmal reicht es, sich kurz mit einem Zwinkern ein paarmal gegenseitig zu knuffen und zu rangeln, um einen Moment tiefer Verbundenheit zu spüren. Hunde, die dagegen gar nicht genug vom Spielen bekommen können oder es schnell übertreiben, können hier lernen die Grautöne mehr zu achten und nicht direkt in die Vollen zu gehen. Sie lernen auf dich und deine Körpersprache zu achten, sich anzupassen und in Kooperation miteinander Spaß zu haben, ohne dich zu vergessen.

Diese Übung ist aber vor allem für dich! Denn du lernst, deinen Körper bewusst einzusetzen, eine Stimmung zu erzeugen und zu lenken, und du erfährst beim Greifen und Schieben deines Hundes,

01

01 Rennen und Fangen sind beliebte Spielformen.

02 Extreme Mimik und Gestik sind das Salz in der Spielsuppe.

03 Das Verhalten des anderen wird imitiert und wiederholt.

04 Im gespielten Kampf kann gerangelt werden.

05 Spielerisches Beißen ist gehemmt und vorsichtig, die Mimik aber übertrieben.

02

03

> **WUSSTEST DU …**
> dass viele Lebewesen spielen, nicht nur Säugetiere, sondern auch Vögel, Fische oder Oktopusse. Je jünger das Lebewesen, desto häufiger wird gespielt. Je erwachsener, desto erlesener sind die erwählten Mitspielenden. Spiel übt nicht nur für den Ernstfall, es hat auch einen gemeinschaftsfördernden Effekt.

04

was du alles machen kannst, ohne dem Hund weh zu tun. Wenn deine Griffe hier im Spiel nicht schmerzhaft sind, dann sind sie es auch nicht in anderem Kontext. Eine andere Reaktion wird also nicht durch Schmerz ausgelöst, wenn du deinen Hund in derselben Intensität am Körper anfasst, während du ein Verhalten unterbrichst, sondern durch die Aussage und Verbindlichkeit hinter dem Griff. Taste also genau hin, um sicher zu wissen, welche Intensitäten schmerzfrei für deinen Hund sind und wie weit du gehen kannst.

05

INTERESSEN DURCHSETZEN

Manchmal geht es ums Prinzip. An Kleinigkeiten kann man seine Interessen durchsetzen und klarmachen, dass es Anforderungen gibt, auf die man besteht und die man einfordern kann.

AUSSITZEN HEISST DRAN-BLEIBEN

In einer Beziehung treffen sich zwei Bedürfnisse, die unterschiedlich sein können. Wie man seine Interessen im Ernstfall durchsetzt, übt man am besten an Kleinigkeiten.

Durch-Setzen durch Hinsetzen

STELLVERTRETER-KONFLIKT

Klar kann dein Hund „Sitz!". Aber hast du das Kommando schon einmal genutzt, um den Körper deines Hundes besser kennenzulernen, seine Strategien zu durchschauen, sein typisches Frustmuster zu erkennen und gleichzeitig eure Beziehung zu beleuchten und zu stärken? In der nächsten Übung geht es nicht um das Kommando und auch nicht um „Fein Sitz!"-Machen. Das Hinsetzen ist nur der Aufhänger, um einen Konflikt heraufzubeschwören, der bewusst und gewollt provoziert wird. So etwas nennt man *Stellvertreterkonflikt*. Eine einfache Situation wird geschaffen und daran etwas geübt und dem Hund etwas gezeigt, auf das er in der Beziehung grundsätzlich zurückgreifen kann.

Anhand dieser Situation lernst du ganz nebenbei, dich konsequent und trotzdem liebevoll durchzusetzen. Du lernst dich langsam und kontrolliert zu bewegen, deine Aufmerksamkeit beim Hund zu lassen. Und du erkennst seine Fehler als Möglichkeit, Neues zu lernen. Hier kannst du dich üben und so präsentieren, wie du deinen Hund gern hättest: souverän, geduldig, freundlich und trotzdem sicher in seinen Aktionen.

Sei ein gutes Vorbild in dieser Übung.
Die Aufgabe erscheint zunächst einfach:

— Dein Hund soll ganz eng neben deinem Bein sitzen, und zwar so, dass er mit seiner Schulter auf der Höhe deines Beins ist und ganz gerade auf seinem Hintern sitzt.

- Die Vorderbeine sollen regelmäßig und gerade stehen, sodass er bequem lange in dieser Position verharren kann.
- Er soll so nah sitzen, dass er sich an deinem Bein anlehnt. Du kannst gern eine Decke unterlegen, die Übung in einem Raum machen oder dir draußen ein ruhiges Plätzchen suchen, wo ihr garantiert nicht gestört werdet und keine große Ablenkung auftritt.
- Als Erstes sortierst du deine Füße. Sie sollen hüftbreit nebeneinander und gerade ausgerichtet bleiben und, wenn irgendwie möglich, während der ganzen Übung genau so stehen bleiben. Jedes Getrippel oder Umhergehen ist also genauso unerwünscht wie die Fußspitzen zum Hund zu drehen. Damit deine Füße wie festgeklebt am Boden bleiben, mache dir eine Markierung am Boden und richte sie jedes Mal wieder danach aus, falls du sie doch unabsichtlich verschoben hast. Wenn du es überhaupt nicht schaffst, die Füße an einem Ort zu lassen, werde kreativ. Schiebe deine Schuhe in Erdmulden, schraube deine alten Gummistiefel am Fußboden fest oder klebe ein paar alte, übergroße Latschen auf den Boden, sodass du mit den Schuhen hineinschlüpfen kannst. Auch eine Hilfsperson kann dich unterstützen, indem sie dich immer wieder an die wichtigsten Punkte erinnert.
- Dein Hund ist während der Übung an einer kurzen Leine, die die ganze Zeit in deinen Händen bleibt. Versuche die Leine kurz zu halten, aber so weit nachzugeben, dass kein Druck auf dem Halsband ist, sodass es sich für ihn anfühlt, als sei die Leine lang, sie es aber nicht wirklich ist. Hier brauchst du unbedingt ein Halsband. Ein Geschirr gibt nicht den richtigen Halt.
- Setze den Hund nun neben dich. Du kannst dabei dein Kommando benutzen, allerdings nur ein einziges Mal. Sobald der Hund sitzt, gilt das Kommando und soll nicht wiederholt werden. Dein Hund weiß, was gemeint ist, und kann sich das auch merken.
- Zusätzlich dazu führst du den Hund mit der Leine, der Körpersprache und deinen Händen und formst ihn so neben dich, dass er nah an deinem Bein sitzt.

Nach dem Aussprechen des Kommandos gilt von da an bis zum Ende der Übung: Absolute Stille! Kein Lob, kein Gemecker, kein Kommando, absolut nichts! Achte darauf, auch unartikulierte Laute wie Zischen, genervtes Stöhnen und Ächzen oder andere Geräusche komplett zu vermeiden. Diese Übung ist still.

- Sobald dein Hund sitzt, beginnt die Übung. Denn nun zählt: Jede noch so kleine Abweichung von dieser Position wird von dir mit den Händen korrigiert und der Hund wieder in seine ursprüngliche Sitzposition gebracht. Du kannst die Leine benutzen, um ihn festzuhalten oder wieder zu dir ranzuziehen.
- Da du deine Füße ja an einem Ort stehen lassen sollst, wirst du den Hund wahrscheinlich immer mal wieder mit der Leine zu dir zurückangeln müssen, bevor du ihn wieder anfassen kannst.
- Du darfst beim Festhalten oder Zurückschieben in die Position in das Halsband greifen oder in den Muskelmantel. Der Griff sollte fest und sicher sein und möglichst wenig Trara auslösen.
- Entscheide situativ, ob es sinnvoll ist, das Halsband oder den Muskelmantel zu greifen. Wenn du nach deinem Hund fasst und ihn hältst oder bewegst, dann tust du das immer langsam, mit sicherem Griff und ohne nachzugreifen. Einmal zugegriffen bleibt die Hand da, wo sie aufgesetzt wurde. Greife wirklich nur nach, wenn es nicht anders geht, und nimm dir für jeden Schritt Zeit.

— Der Hund muss sich nicht schnell hinsetzen, er soll langsam und bewusst den Weg zurück in seine Position finden und du führst ihn dafür Schritt für Schritt mit deinen Händen.
— Sobald er sich wehrt, zappelt oder wütend wird, halte ihn und ziehe ihn, so nah es geht, an dich heran – richtig fest, bis er sich wieder gefangen hat und ruhig wird. Erst dann lockerst du langsam deinen Griff, atmest tief ein und aus und führst ihn pingelig und langsam wieder zur Ausgangsposition zurück.
— Beim Bewegen des Hundes gilt immer: Erst den vorderen Teil des Hundes in die richtige Position stellen. Erst wenn Kopf, Vorderbeine und Brust auf der richtigen Position neben dir stehen, drückst du hinten auf den Po deines Hundes, um ihn ins „Sitz“ zu formen. Weicht er mit dem „Heck“ von dir weg aus, greifst du erst an die Außenseite seiner Hüfte, um ihn da zu halten, und wartest, bis er wieder ruhig steht. Dann schiebst du erst nach unten. Alles, was passiert, jede Bewegung, jede Reaktion darf also einmal vollständig ausgekostet und mitgefühlt werden, bevor die nächste beginnt. Das bedeutet, dass du deinen Hund eventuell sehr häufig wieder hinsetzen wirst oder dass ihr über einen fünf Zentimeter verschobenen Hundehintern eine Viertelstunde diskutieren werdet. Jeder Zentimeter zählt und dein Hund soll ganz exakt bleiben, wie du ihn am Anfang hingesetzt hast.

01

02

01 Zunächst wird der vordere Teil des Hundes am Bein „geankert“.

02 Erst danach wird der hintere Teil des Hundes bewegt.

DAS ZIEL DER ÜBUNG – HERAUSFORDERUNG UND KONFLIKT

Diese Übung ist dafür da, deinen Hund herauszufordern und euch in einen Konflikt zu bringen. Freue dich also über jedes Aufstehen und „Bocken“ deines Hundes, denn das bedeutet, dass er Fragen hat, auf die er Antworten bekommt, dass er dabeibleibt, mitdenkt, Lösungen sucht und lernt. Lernen funktioniert über Fehler! Es gibt also keinen einzigen Grund, genervt zu sein, denn du willst ja, dass dein Hund sich ärgert und Fehler macht, um etwas erfahren und lernen zu können.

ÜBUNGSDAUER

Die Übung sollte mindestens 20 Minuten lang gemacht werden, lieber deutlich länger. Gerade für Hunde, die stark in den Konflikt gehen, unkonzentriert und aufgedreht sind, sollte sie bis zu einer ganzen Stunde lang durchgehalten werden. Die Dauer beeinflusst die Wirkung und die Art der Erfahrung, denn es geht um Verbindlichkeit und Beharrlichkeit – und Beharrlichkeit zeigt man nicht, indem man schnell macht oder möglichst kurz dranbleibt und nichts fordert. Hunde können das! Auch sehr junge Hunde können das. Der Hund muss hier nichts tun, außer sitzen zu bleiben. Es geht ums Prinzip, wenn er sich dagegen wehrt, nicht darum, dass Sitzen anstrengend wäre. Dieses Prinzip und die Arbeit daran ist auch der Sinn der Übung. Du wirst eventuell noch mehrere Tage nach der Übung merken, wie sehr sie deinen Hund im positiven Sinn beeinflusst. Achte danach darauf, wie er sich im Alltag verhält, wie er auf dich reagiert, wo und wie fest er schläft und ob du einen Unterschied zu vorher feststellen kannst. Beobachte dich und das Verhalten des Hundes ein paar Tage, bevor du die Übung wiederholst. Kannst du etwas von der ruhigen Hartnäckigkeit in euren Alltag übertragen?

EIN MEDITATIVER ZUSTAND

Diese Übung kann Hunde in einen geradezu meditativen Zustand versetzen. Ein besserer Begriff fällt mir dazu nicht ein, der genauer beschreibt, was ich in Seminaren beobachte. Oft beginnt es mit einem richtiggehenden Kampf zwischen Hund und Mensch, einem Ausprobieren von Techniken und Möglichkeiten, um Gegenwehr, Kooperation, Aufregung, Wut und Konzentration. Nach einiger Zeit, bei dem einem früher, beim anderen später, stellt sich ein bemerkenswerter Zustand ein: Die Hunde sitzen neben ihren Menschen und bleiben dort auch sitzen. Sie schauen konzentriert und sehr ruhig geradeaus und blinzeln sehr langsam mit halb geschlossenen Augen wie Menschen, die versuchen, sich an etwas zu erinnern. Dabei heben sie den Kopf oft ein bisschen an. Wie der Mensch verharrt der Hund in einer statischen, aber nicht angespannten Position. Er ist also locker im Körper und trotzdem unbewegt. Sein Blick fließt weich ins Leere und fixiert keinen wirklichen Punkt, als träume er vor sich hin.

KONZENTRATION IM HUNDETRAINING

Der Ausdruck von Konzentration ist in den wissenschaftlichen Beschreibungen über Hunde bisher leider nicht festgehalten. Daher kann ich nur Mutmaßungen anstellen und im Vergleich mit menschlicher Mimik und menschlichem Ausdrucksverhalten spekulieren, dass es sich um eine Art Konzentrationsausdruck handelt. Es würde mich freuen, wenn ein Ausdruck bewusster Konzentration im Hundetraining einen höheren Stellenwert erhalten würde als er es heute hat. Denn wer sich konzentriert, der kann leichter lernen. Anstatt sich über diese Fähigkeit des Hundes zu freuen, erlebe ich oft eher eine Ablehnung, da Konzentration nicht mit Spaß gleichgesetzt wird.

Vorderbeine des Hundes leicht vor der eigenen Beinlinie

Vorn „geankert" und leicht nach vorn gebeugt, damit das Hinterteil nachgezogen wird.

Da wir so selten etwas mit dem Hund üben, ohne ihn in eine Erwartungshaltung zu bringen, egal ob die Erwartung angenehm oder unangenehm ist, sehen wir diese Mimik nicht oft. Wird dieser Zustand erreicht, sitzen die Hunde oft für eine halbe Stunde so da und wirken fast, als müssten sie sich erst mal wieder sammeln, wenn man die Übung auflöst – als würden sie aus einem tiefen Schlaf aufwachen.

DIE ÜBUNG AUFLÖSEN

Um zu vermeiden, dass dein Hund beim Auflösen der Übung aus dem Tritt kommt, ist es also unbedingt notwendig, sie nach klaren Regeln zu beenden:

— Als Erstes ist es wichtig, dass du dann aufhörst, wenn es gut läuft. Nicht wenn dein Hund gerade wieder aufgestanden ist oder sich gerade hingelegt hat und du ihn wieder in die richtige Position bringen musstest.
— Plane schon vorher ein, dass das durchaus eine halbe Stunde oder länger dauern könnte. Wenn dein Hund fest sitzt und die Übung langsam dem Ende zugehen sollte, beuge dich zu ihm runter

Hinten „geankert"…

… worauf vorn der Zug wieder nachlassen kann.

Zu Beginn der Übung wird der Hund freundlich angesprochen und in Empfang genommen.

und schaue ihn direkt an. Lächle ihn sanft an, sprich leise seinen Namen und schau ihm mit einer liebevollen Mimik ins Gesicht.

- Warte eine Sekunde, bis er deinen Blick erwidert, und sage ihm dann mit ruhiger Stimme und einer körpersprachlichen Bewegung von ihm weg, dass er nun aufstehen kann.
- Lass ihn aufstehen an kurz gehaltener Leine, sich schütteln, strecken und aufwachen. Bleibe dabei selbst ruhig und sanft.
- Warte, bis dein Hund fertig ist mit dem, was er braucht, um ganz wach zu werden, und gehe erst dann langsam und mit kurz gehaltener Leine los.
- Vermeide Lautstärke und Bewegungen, wo es nur geht, und bringe deinen Hund auf dem schnellsten Weg dahin, wo er in Ruhe schlafen kann.
- Falls er noch kurz pinkeln möchte, darf er das natürlich, er soll aber keinen Spaziergang machen.

Lass ihn nach der Übung mindestens eine Stunde in Ruhe schlafen. Dadurch wird sich die Wirkung des stillen Sitzens noch vertiefen. Du kannst die Übung alle paar Tage machen, solltest aber immer bis zur nächsten Wiederholung so lange warten, wie du noch eine Veränderung im Verhalten des Hundes bemerkst.

Freust du dich also am nächsten und übernächsten Tag über eine bessere Konzentration des Hundes, mehr Ruhe in seinem Verhalten und über andere Veränderungen, dann wartest du, bis du keine neuen Veränderungen mehr wahrnimmst. Erst dann wiederholst du die Übung. **Hier gilt ganz klar, dass weniger mehr ist.** Wenn die Übung etwas in deinem Hund auslöst, dann soll es sich einmal vollständig entwickeln dürfen, bevor der nächste große Input in sein Körpersystem kommt. Das kann auch schon mal eine Woche oder länger dauern. Du wirst merken, wenn der Hund mit der Verarbeitung durch ist und bereit ist, neue Impulse zu bekommen.

Der Hund soll ganz nah sitzen und dort auch bleiben.

Aufrichten und Abwarten. Fehler sollen nicht vermieden, sondern gemacht werden.

SCHRITT FÜR SCHRITT

1. Stelle deine Füße fest und hüftbreit auf. Sie bleiben dort während der Übung stehen. Deine Fußspitzen zeigen nach vorn und ein bis drei Zentimeter vom Hund weggeneigt.
2. Greife mit deiner von dem Hund abgewendeten Hand vor deinem Knie entlang und halte damit sein Halsband oder den Muskelmantel der Wamme nah an seinem Kopf. Behalte deine Hand dabei so nah wie möglich an deinem Knie und ankere hier. Sobald es zu einer Auseinandersetzung über die Position deines Hundes kommt, ziehe diese Hand so nah wie möglich an dein Bein und lege den Handrücken an deinem Bein ab.
   Als Hilfestellung kannst du auch ein breites Haargummi über dein Bein ziehen und die Hand durchfädeln, sodass sie an dein Bein gepinnt ist. Je näher die Hand an deinem Bein bleibt, desto besser ist deine Kraft. Außerdem kann dein Hund sich so nicht um sich selbst drehen oder nach hinten schnappen. Deine dem Hund abgewandte Hand ist deine Haltehand.
3. Führe, halte, drücke oder ziehe den restlichen Körper deines Hundes ausschließlich mit der freien Hand, die dem Hund zugewendet, also auf seiner Seite ist. So kannst du ihn an dein Bein drücken und halten und damit mögliche Bewegungen kontrollieren, ohne ihm weh zu tun.
   Du kannst sein Hinterteil ranholen oder wegschieben oder ihn ins Sitzen schieben. Deine dem Hund zugewandte Hand ist deine Arbeitshand.
4. Lehne dein Körpergewicht leicht vom Hund weg, wenn du ihn zu dir ziehst, um ihm Raum zu geben und körpersprachlich einladend zu sein, deine Füße bleiben aber am Boden stehen.
5. Schaue leicht über deinen Hund rüber und nicht direkt in sein Gesicht. Halte deinen Kopf etwas von ihm abgewandt und schau eher im peripheren Sichtfeld.
6. Schaue auf den Hintern deines Hundes, wenn dieser sich zum Hinsetzen absenken soll.
7. Blicke auf einen Punkt vor dir, wenn du den Hund nach vorn bewegst.
8. Lass deinen Hund mitdenken, immer eine Bewegung zu Ende führen und dann erst die nächste initiieren.

Jedes Aufstehen wird möglichst schon im Ansatz mit der Hand abgestoppt …

… und führt direkt wieder zu einem erneuten Hinsetzen.

Der Körper ist weggelehnt, die Arme greifen vor dem gerade ausgerichteten Körper entlang.

Die gegenüberliegende Hand fixiert und ankert, die zugewandte Hand bewegt.

9. Bewege den Hund niemals, während er in der Gegenwehr ist und sich dabei selbst bewegt. Sobald er zappelt oder sich plumpsen lässt, hältst du ihn gleich bleibend und möglichst ohne jedes Nachgreifen in der Position mit dem Kopf nah an deinem Knie. Halte ihn da, bis er sich beruhigt hat.
10. Vermeide jede überflüssige Bewegung und überflüssiges Nachfassen. Lockere deinen Griff kontrolliert und langsam.
11. Konzentriere dich darauf, ein gutes Vorbild zu sein.
12. Denke leise in deinem Kopf konkrete und freundliche Anweisungen: „Setz dich hin, nimm den Fuß zurück, bleib ruhig, komm wieder runter, konzentrier dich …", usw. Drücke deine Sätze positiv formuliert aus. Denke, was du willst, und nicht, was du nicht willst! Übe dich damit in klaren Anweisungen und zugewandter Kommunikation.
13. Atme ruhig und tief. Lass deine Hände fließende Bewegungen machen und auf dem Hund entlanggleiten oder liegen.
14. Bleibt dein Hund sitzen, richte dich auf und verharre, bis dein Hund sich bewegt und du ihn wieder korrigieren musst.

DENKEN IN EINZELNEN KAPITELN

Wer in der Beziehung etwas ändern möchte, der konzentriert sich immer auf eine kleine Veränderung, bevor er die nächste anspricht.

Schrittfolgen und Anatomie der Bewegungen waren nicht ohne Grund ein Thema. Schiebst oder ziehst du deinen Hund mit den Händen, dann musst du wissen, wie er sich bewegen kann und auf welches Bein du zum Beispiel Druck ausüben musst, damit er einen Schritt rückwärtsgehen kann (siehe Seite 84). Je besser ausführbar die von dir angeleitete Bewegung ist, desto mehr vertraut dir dein Hund beim nächsten Mal und lässt sich lieber führen.
Wie beim Tanzen ist jemand, der die Bewegung gut führt, immer darauf bedacht, die Schritte des anderen so einzurechnen, dass die Tanzpartnerin oder der Tanzpartner sie problemlos ausführen kann und sie sich gut und richtig anfühlen. Zusätzlich kommt nun für dich dazu, dass du die Bewegungen wie ein einzelnes Kapitel betrachtest.

Wenn dein Hund neben dir sitzen soll, aber ein Stück zu weit vorn ist und sich hingelegt hat, dann nimmst du dir jede Veränderung einzeln vor:

— Als Erstes lässt du ihn aufstehen. Das ist die Grundlage, um weiterzukommen und das einzige Augenmerk in diesem Moment.
— Erst wenn er steht, richtest du die Aufmerksamkeit auf seine Position neben dir und schiebst ihn so langsam und geführt rückwärts, dass er jeden Fuß bewusst bewegt und nicht einfach nach hinten stolpert und gar nicht weiß, wie ihm geschieht.
— Du schaust dabei, welches seiner Vorderbeine als erstes einen Schritt rückwärtsmachen müsste, und legst genau dort deinen Druckpunkt von vorn mit der flachen Hand oben am Ansatz des Beines an der Brust. Da hältst du den Druck so lange, gerade so intensiv, dass dein Hund eine Notwendigkeit sieht, dem Druck zu entgehen und das Bein einen einzigen Schritt zurücksetzt.
— Tut er das, lässt du ganz leicht nach, deine Hand aber noch an der Brust und gleitest langsam zum anderen Bein rüber, um dort wieder neuen Druck aufzubauen für den nächsten Schritt rückwärts.
— Steht dein Hund an der richtigen Position, kommt erst dann die Handbewegung, die ihn ins Sitzen bringt.

Es ist wichtig, diese Geduld aufzubringen und mitzudenken.

1. hat das den positiven Effekt, dass du konzentrierter und fokussierter bei deinem Hund bleibst.
2. stärkt es sein Vertrauen für die nächsten Übungen und die Kompetenz deiner Führung.
3. hat dein Hund die Chance, wirklich mitzudenken und nicht übergangen zu werden, nur weil du körperlich stärker bist als er. Er soll den Prozess miterleben

und nicht denken, dass er einfach geschoben wird und überhaupt nicht wissen kann, wohin die Reise gehen soll.

Nähert ihr euch auf diese geduldige Art, wird die Kommunikation dadurch grundsätzlich bereichert werden und ein Gefühl der Innigkeit aufkommen, das sonst nicht zustande kommen kann. Viele Menschen fühlen sich nach den Übungen tief verbunden mit ihrem Hund und empfinden ihn danach ebenfalls als geistig und seelisch mit ihnen verknüpft auf eine Art und Weise, die sie im Alltag oft nicht kennengelernt haben.

Hier wird mit der flachen Hand an der Brust geankert. Ein Finger ist bereit, ins Halsband zu rutschen, um eine mögliche Bewegung weg vom Bein aufzuhalten.

Das Denken und Handeln in Teilschritten gilt auch für alle weiteren Übungen, in denen dein Hund gehalten wird. Sobald er zappelt und hin und her springt, gilt:

— Erst halten und warten, dann zurück zur Aufgabe!
— Bei jeder Form des emotionalen Ausbruchs zieht deine rechte Hand über dein Knie und bleibt dort so still und fest wie möglich, als sei sie angeklebt. Die linke Hand hält hinten die Hüfte und drückt den Hund so fest wie möglich an dein Bein.
— Dein Bein wiederum stoppt die Bewegung und rahmt den Hund von der anderen Seite ein.
— Reicht das nicht, dann greifst du mit der anderen Hand nach vorn an die andere Seite des Halses und ziehst nur den Kopf an dein Knie.
— Erst wenn der Wutausbruch vorbei ist, atmest du tief durch bringst ihn wieder Schritt für Schritt zurück in die Ausgangsposition.

Ich schrieb bereits oben, dass genau hier deine Einstellung den Unterschied macht. Gestehe ihm also zu, dass er wütend sein darf. Du hast diese Diskussion begonnen, und er reagiert nun so, wie er zuvor von dir gelernt hat, dass es okay ist und wie es in seinen Möglichkeiten liegt. Er lernt noch und kann vielleicht nicht alles direkt umsetzen. Er zeigt auch, welchen Eindruck er bisher von dir bekommen hat, und diesen Eindruck hast du mitgestaltet. Statt ärgerlich zu werden, beobachte genau, wie gut dein Hund es akzeptieren kann, dass du hier so viel einforderst, und reflektiere dich, ob dein Hund vielleicht bis hierhin wirklich den Eindruck gewinnen musste, dass dir so viel Anspruch nicht zusteht.

01 – 11
Die komplette Sequenz dauerte mehr als eine Minute. Jeder Schritt bewusst und einzeln geführt.

01

02

06

07

08

Vielleicht hast auch du dich in der Vergangenheit als nicht besonders konsequent und durchsetzungsstark gezeigt, und da ist es ein gutes Recht des Hundes, diesen plötzlichen Anspruch in Frage zu stellen.
Wenn dein Hund sich auf den Boden wirft, ziehe aufrecht stehend die Leine gerade nach oben, bis es so ungemütlich wird, dass er sich wieder aufrichten muss. Du kannst stattdessen auch rechts und links in den Muskelmantel der Wamme, kurz unter den Backen, greifen und ihn so weit nach oben ziehen, dass er seine Füße wieder aufsetzen kann. Viele Hunde lassen sich in dieser Situation eine ganze Zeit lang baumeln und machen sich schwer. Wäge ab, ob du deinen Hund so lange schweben lassen kannst, ohne nachgreifen zu müssen. Halte sehr fest, damit du ihn angehoben lässt, ohne ihn zu kneifen, weil dir der Muskelmantel aus den Fingern gleitet. Klappt das und er hängt sich in deinen Griff, dann halte ihn auf dieser Höhe, in der er die Pfoten einfach wieder aufstellen könnte, und ziehe sein Körpergewicht leicht nach oben. Stellt er die Vorderfüße ab, verweile mit deinen Hände so lange am Hals des Hundes, bis er die Beine durchstreckt und sitzen bleibt. Es ist dabei egal, ob er zunächst nur sitzt oder steht. Das ist erst der nächste Schritt. Alles schön der Reihe nach und immer tief atmen. Ooohm!

WUSSTEST DU …

Wir neigen dazu, immer nur das aktuelle Problem oder das Endziel vor Augen zu haben, aber die Teilschritte dahin zu vergessen. Wer sich die Zeit nimmt, sich auf jeden einzelnen Schritt in die richtige Richtung zu konzentrieren, der kommt schneller zum Ziel.

03

04

05

09

10

11

FÜR WEN DIESE ÜBUNG BESONDERS GEEIGNET IST

Für alle Hunde, die körperlich in der Lage sind, eine halbe Stunde bis Stunde zu sitzen (am Bein anlehnen ist erlaubt). Insbesondere Junghunden tut das sehr gut. Hunde, die fahrig, unruhig und oberflächlich agieren, lernen hier dranzubleiben, sich zu stellen, durchzuhalten und sich zu konzentrieren. Für alle Hunde hat der Mensch in dieser Übung die Chance, sich zu präsentieren. Er kann den Beweis antreten, konsequent seine Regeln durchzusetzen und pingelig genau Verbindlichkeit einzufordern. Er kann zeigen, dass er im Konflikt fair und sachlich bleibt, auf seinen Vorgaben besteht und trotzdem gelassen und beharrlich ist ohne wütend, verzweifelt oder lasch zu werden. Er kann sich gemeinsam mit seinem Hund durch diesen Konflikt gehen, Führung übernehmen, sich zusammenreißen, auf seine Grifftechnik, seine Atmung und seine Stimmung achten und lernen, sich nicht in Nebenkriegsschauplätzen zu verlieren.

Der Mensch lernt hier seinen Hund noch einmal kennen. Welche Strategien nutzt der Hund? Womit glaubt er, seinen Menschen am besten beeinflussen zu können? Wie schnell frustriert den Hund diese Aufgabe, und hat er seine Impulse unter Kontrolle? Diskutiert er lieber über Kleinigkeiten oder macht er gern große Fässer auf? Sind seine Reaktionen eher überdramatisch oder leise und überlegt? Nutzt er seinen Körper eher zum Ausbremsen oder um Bewegung in die Sache zu bringen? Das sind alles Dinge, die aus seiner Persönlichkeit entspringen und immer schon da waren. Vielleicht erkennst du Reaktionsmuster in dieser Übung wieder.

AUA, DAS GEHT TIEF!

Nimm dir die Zeit für eine kleine Selbstreflexion und mache mehr aus der folgenden Übung als nur eine Übung für den Hund.

EINE ÜBUNG ZUR SELBSTERFAHRUNG

Vielleicht erwischst du dich während der Übung selbst, wie du immer wieder sprechen möchtest, schnell aufgibst und resigniert und seufzend alles fallen lässt. Dass du vielleicht die-/derjenige bist, die/der aus verbindlichen Gesprächen aussteigt, weil es dir zu unbequem ist und dir die Puste ausgeht? Oder neigst du dazu, zu schnell, zu ruppig einzugreifen, den Hund wütend und schnell hin und her zu rupfen und keine Geduld für seine Mitarbeit aufzubringen? Getreu dem Motto: Das dauert mir zu lange, lass mich das mal machen!?
Traust du dich nicht, dich durchzusetzen, weil du Angst hast, dann nicht mehr geliebt zu werden? Schaust du über Kleinigkeiten hinweg, weil es bequemer ist und du lieber den Anschein erwecken möchtest, dass jetzt alles gut aussieht, bevor du auch noch selbst auf einen winzigen Fehler hinweist und riskierst, alles wieder zunichte zu machen, indem du deinen Hund wieder aufstehen lässt und alles noch mal neu erkämpfen musst? Lässt du ihn sich hinlegen, weil du einfach nur froh bist, endlich mal deine Ruhe zu haben, obwohl du weißt, dass du ihn wieder hinsetzen solltest, und redest dir ein, dass das doch aber sicherlich auch irgendwie gut sein wird? Fühlst du, dass die heftige Gegenwehr deines Hundes eventuell auch eine Nichtakzeptanz deiner Führung allgemein ist, die dir hier gerade sehr unbequem aufs Brot geschmiert wird und dich aus der Fassung bringt? Wirst du wütend auf deinen Hund, dass er nicht ordentlich abliefert, obwohl du dir so viel Mühe gegeben hast? Vergleichst du eigene schlimme Erfahrungen plötzlich in einem unangemessenen Rahmen mit dem Thema Durchsetzen und Körperlichkeit und projizierst sie auf den Hund, sodass du dich schuldig fühlst und eine Wiedergutmachung deinem Hund gegenüber ersehnst? Auch diese Mechanismen werden sich in eurem Zusammenleben widerspiegeln und sind vielleicht ein wichtiger Baustein, um eine Veränderung möglich zu machen.
Wer bist du und wie steht es um deine Fähigkeiten, dranzubleiben, verlässlich zu reagieren, deine Impulse zu kontrollieren und Verbindlichkeiten klar einzufordern? Diese Übung ist auch eine Selbsterfahrungsübung, und wenn du dich traust, dann nutze sie auch zur Reflexion deiner selbst im Umgang mit deinem Hund. Denn auch du bist während dieser Übung der Mensch, der du immer bist, und verhältst dich nach deinen typischen Mustern. Und wenn jemand eigentlich klar und souverän die Führung

Sein eigenes Handeln zu hinterfragen gehört zum Erziehungsprozess dazu.

übernehmen möchte, selbst aber vorgelebt bekommen hat, dass diese Rolle missbraucht wurde, um Gewalt und Eigennutz auszuleben oder selbst ein Problem hat, an einer Sache derart konsequent dranzubleiben, ohne sich persönlich beleidigt zu fühlen, wenn er/sie sich immer wieder durchsetzen muss, dann wird es in dieser Übung an die Oberfläche kommen und sich zeigen. Das ist normal und gut und richtig, und du hast die Chance, das zu nutzen, es einfach so stehen zu lassen oder dir anzusehen. Es ist vollständig deine Entscheidung, wie viel Selbstreflexion du aus dieser Übung ziehen möchtest. Du liest hier nur ein Buch, und niemand weiß, was du denkst. Ich lade dich also ein, still und heimlich hinter die Mechanismen deiner eigenen Reaktionen zu schauen, und vielleicht löst ein vierbeiniger kleiner Plagegeist ganz nebenbei mit seiner Gegenwehr in einer Übung einen Knoten in deinem Kopf, der schon lange geöffnet gehörte.

ICH KANN DAS NICHT HALTEN!

Manchmal denkt man, dass mehr Kraft die Lösung wäre, um Probleme zu bewältigen. Nur um dann herauszufinden, dass die Art, wie man etwas tut, viel wichtiger ist.

Zugegeben, für einige der Übungen braucht man ein minimales Maß an körperlicher Fitness. Allerdings nur ein Durchschnittsmaß. Wichtig ist die Technik. Kannst du den Hund nicht halten oder hochziehen, wenn er sich auf den Boden legt, dann liegt es fast immer daran, dass erstens zu flach und mit zu spitzen Fingern in den Muskelmantel gegriffen wird oder dass der Hund nicht nah genug am eigenen Körper gehalten wird. Ich verspreche dir, dass du kein Bodybuilder oder keine Bodybuilderin sein musst, auch nicht, wenn dein Hund groß ist. Solltest du etwas üben wollen, dann gibt es kleine Übungsgeräte, um die Handkraft zu verbessern. Auch Knautschbälle während des Fernsehens ein paar Minuten täglich zusammenzudrücken, steigert die Kraft enorm. Bist du körperlich stark eingeschränkt, dann kannst du Hilfsmittel nutzen und so zumindest einen Teil der Methoden, angepasst an deine Bedürfnisse, umsetzen. **Ich würde mich freuen, wenn die Techniken allen Menschen zugänglich sind. Hast du ein Handicap, lass dich aber unbedingt begleiten.** Ein Kopfhalter an einer kurzen Extraleine kann dich unterstützen, den Hund festzuhalten, falls er ausrastet. Dünne, in der Handfläche gummierte Handschuhe geben mehr Festigkeit beim Greifen für schmerzende Hände. Eine zusätzliche Leine am Sicherheitsgeschirr an der Taille kann helfen, den Hund heranzuziehen, falls du im Rollstuhl sitzt. Ein Handstock oder eine Leine am Sicherheitsgeschirr kann als Verlängerung deines Arms dienen, wenn dein Hund sehr klein ist und du dich nicht bücken kannst. Man kann viele der Übungen, bei denen du eigentlich stehen sollst, auch auf einem festen Stuhl im Sitzen machen. Mit einem Coaching vor Ort ist es auch für blinde Menschen möglich, die Techniken umzusetzen. Am besten holst du dir einen kreativen Hundeprofi, der die Techniken an deine Möglichkeiten anpassen kann und sich auch mit deiner Beeinträchtigung auskennt. Sei mutig und kreativ und probiere deinen Weg zu finden.

Auch große Hunde brauchen viel mehr eine gute Griff- und Haltetechnik als besondere Körperkraft.

POSITIONEN KLÄREN

Wenn die Beziehung fester wird, ist es notwendig, Positionen des sozialen Gefüges zu klären und deutlich zu machen, was tolerierbar ist und wo man die Führung übernehmen wird. In einer menschlichen Beziehung wäre das ein miteinander Abwägen und Aufteilen der Befugnisse, während die Beziehung zum Hund eine klare Führungsposition des Menschen voraussetzt. Nicht zum Wohl des Menschen, sondern vor allem zum Wohl des Hundes, der auf diese Form der Beziehungsführung ausgelegt und angewiesen ist.
Führung heißt Verantwortung übernehmen. Gute Führungspersönlichkeiten brauchen nicht um Aufmerksamkeit buhlen. Sie werden von Hunden umschwärmt.

FÜHRUNG ÜBERNEHMEN HEISST AUCH FÜHLEN LERNEN

Wer Führung übernehmen möchte, der muss in einer Beziehung beweisen, dass es sich lohnt zu folgen. Situativ mehr Führungsqualitäten zu erlangen kann man lernen!

FÜHRUNGSQUALITÄTEN

Ernst genommen und geschätzt wird man, wenn man Führungsqualitäten hat, und nicht, wenn man ein fieser Tyrann ist. Erstes kann man erlernen, Zweites sollte man abstellen.

Der Unterschied zwischen einem Despoten und einer Führungspersönlichkeit ist folgender: Eine Führungspersönlichkeit denkt zugunsten des anderen mit und möchte ihm immer etwas Gutes tun und niemals etwas Schlechtes. Sie übernimmt und trägt Verantwortung und erwartet dafür Anpassung. Eine Führungspersönlichkeit muss weder alles können noch alles wissen. Sie muss authentisch und klar sein. Und vor allem hat sie ihre Impulse unter Kontrolle und reagiert bedacht und fair. Schön, wenn man so jemand ist. Nicht nur Hunde schätzen solche Personen sehr, auch Menschen wünschen sich genau so jemanden in einer Chefposition, zum Beispiel bei der Arbeit oder in der Politik.
Viele von uns sind allerdings nicht so. Uns wird von klein an beigebracht, dass man sich lieber anpassen sollte und dass Führung gleichgesetzt wird mit Unterdrückung. In unserer gesamten Gesellschaft hängt ein völlig schiefes Bild von Führungspersonen, die angeblich gemein und hart sind, andere niedertrampeln und überemotional und aggressiv nur zu ihrem eigenen Besten agieren. Weder gegenüber Menschen noch gegenüber Hunden ist das allerdings die Wahrheit.

Eine echte Führungspersönlichkeit liebt von Herzen und wird geliebt für ihre Klarheit. Respekt und Anerkennung haben nichts mit Angst zu tun. So einer Person schließen sich Hunde in Vertrauen und mit Hochachtung an.

Man kann niemanden dazu zwingen, dass er einen respektiert. Man kann ihn zwingen, einen zu fürchten. Aber das sollte auch Hunden gegenüber nie das Ziel sein und wird auch nie das gleiche Ergebnis bringen wie das Hingeben des Hundes in die kompetenten Hände einer echten Führungsperson. Wie man mehr zu so einer Person für seinen Hund wird, lässt sich lernen! Und sei es nur in den richtigen Momenten für einen kurzen Zeitraum. Wer sowieso schon solche Qualitäten erlernen durfte, wird es dabei leichter haben. Wer gerade anfängt, seine Fähigkeiten zu entdecken, der wird mehr arbeiten müssen und vielleicht nicht am selben Ziel landen. Aber jeder Mensch kann sich darin schulen, klarer zu werden, für unsere Hunde, für uns selbst und für den Rest unseres Lebens.

Egal wo du startest, der erste Schritt ist es, deine Einstellung und Glaubenssätze zum Thema Durchsetzungskraft zu reflektieren und zu überdenken. Hast du auch ein verschobenes, negatives Bild vorgelebt bekommen? Wie wäre jemand drauf, dem du in wirklich wichtigen, schwierigen und auch gefährlichen Situationen die Füh-

Nicht jede Entscheidung muss perfekt sein. Aber überhaupt eine Entscheidung zu treffen, sorgt dafür, dass Hunde gern folgen möchten.

rung überlassen würdest? Welche Qualitäten müsste so jemand mitbringen, wenn es um schnelle Entscheidungen und kompetente Lösungen für Probleme geht? Je mehr ich versuche, auch innerlich so zu denken und zu handeln wie die Person, die ich gern wäre, desto eher werde ich auch so wahrgenommen und dann wirklich zu dieser Person – einfach nur durch banale, psychologische Mechanismen und körperliche Auswirkungen, die ich bewusst ansteuern kann. Keine Zauberei und keine Kunst, kein Exorzismus und keine Wunderheilung.
Die Erfahrung, die du mit diesem vorerst gespielten und konzentriert hergestellten Eindruck machst, verändert wiederum deine Einstellung und macht dich im Gegenzug tatsächlich selbstbewusster, klarer und sicherer, weil du deine eigene Handlungsfähigkeit spüren kannst. Körpersprache, Grifftechnik und Einstellung vorerst also als motorische und Konzentrationsübung zu schulen, bis alles in Fleisch und Blut übergeht, ist ein gutes Mittel. Übung macht auch hier den/die Meister*in!

FÜR WEN DIESE SELBSTREFLEXION BESONDERS GEEIGNET IST

Hunde lieben Klarheit und sichere Strukturen. Deswegen profitieren sie alle von einem Menschen mit einem aufgeräumten Innenleben und einem guten Bewusstsein über seine Ansprüche und Vorgaben, die ihm wichtig sind. Konsequentes und verständliches Handeln nutzen also jeder Mensch-Hund-Beziehung. Ganz besonders darauf angewiesen sind aber Hunde in instabilen Gefühlslagen. Das schließt grundsätzlich alle Junghunde ein, die in der Pubertät generell schlechten Zugang zu sich selbst und ihren Verhaltensweisen haben und deswegen umso mehr eine selbstbewusste und gleichzeitig ruhige Führung benötigen, um sich zu einem geistig gesunden Erwachsenen zu entwickeln.
Auch Hunde, die neu in einen Haushalt kommen, aus anderen Lebensbedingungen zu uns gelangen, ängstlich sind oder Probleme mit angemessenem Sozialkontakt haben, profitieren besonders durch einen Menschen, der sich deutlich positionieren kann und dabei innerlich trotzdem wohlwollend, sanft und souverän bleibt. Hunde, die Halt brauchen, benötigen jemanden, der Halt gibt. Und wer hält sich schon an einem Fähnchen im Wind fest oder an einer weichen, sich ständig anpassenden Masse?

WUSSTEST DU …

Um Halt geben zu können, braucht es einen festen Rahmen, Stärke und Sicherheit, gefüllt mit grenzenloser Liebe und dem Zugeständnis an den Hund, dass er Fehler machen und seine Entwicklung Zeit brauchen darf. Wer diesen Großmut besitzt oder daran arbeitet, sich ihn mehr und mehr anzueignen, der wird seinem Hund den größten Gefallen tun, den man einem sozialen Lebewesen tun kann.

DIE GRIFFE

Damit du die verschiedenen Griffe besser nachvollziehen kannst und im folgenden Teil des Buches immer weißt, was ich meine, verbinde ich die verschiedenen Handhaltungen und Techniken mit Namen.

1. **Beim Lappen** bleibt deine Hand flach und weich und schmiegt sich mit der gesamten Fläche am Hundekörper an und versucht, seine Formen zu umschmeicheln. Er drückt deutlich auf, biegt sich aber um die Konturen des Körpers herum und lässt sich in fließenden Bewegungen über den Körper streichen.
2. **Das Blatt Papier** Hier hältst du die Hand ebenfalls flach, allerdings ganz fest und gerade ausgestreckt. Das Blatt ist unbeweglich und bleibt in seiner Form.
3. **Beim Teigkneter** greift deine Hand tief und fest und füllt sich mit so viel Muskelmantel, wie du nur rein bekommen kannst. Er greift kraftvoll und stufenlos zu und hält beim Ziehen richtig fest, sodass nichts aus seinem Griff rutscht.
4. **Das Krönchen** Alle Finger sind nach vorn in eine Richtung ausgestreckt. Sie sind fest angespannt und die Handfläche ist zusammengezogen. Die Finger treffen gleichzeitig auf, wenn das Krönchen etwas berührt.

Diese Griffe bilden die Grundlage für die kommenden Techniken. Du hast sie beim Massieren und Dehnen getestet. Du weißt also, wo du halten und Druck ausüben kannst, ohne auf ein Gelenk zu pressen. Du hast außerdem gelernt, wie sich dein Hund vorwärts, rückwärts und seitwärts bewegt, ohne zu stolpern. Du solltest ein Gefühl dafür entwickelt haben, wie weit du den Muskelmantel abheben kannst und dabei sicher keine Schmerzen verursachst. Wehrt sich der Hund in diesem neuen Zusammenhang gegen einen der Griffe, die während der Entspannung und in einer anderen Stimmung noch okay für ihn waren, dann kannst du sicher sein, dass es ihm hier um die Sache geht und nicht um einen Schmerzreiz.

AUSRASTEN IST IMMER SCHLECHT

In einer Beziehung impulsiv und übermäßig zu reagieren, kommt nicht gut an. Kein Wunder, wer mag es schon, wenn sich das Gegenüber völlig freischaltet, während man selbst versucht, bedacht und vernünftig zu agieren? Hier müssen beide mitwirken, denn ohne die Fähigkeit, sich zusammenzunehmen und den anderen geduldig wahrzunehmen, bringen Streitereien keine Klärung, sondern nur Zerstörung.

WUSSTEST DU ...

Mit jemandem, der gerade ausflippt, kann man nicht reden! Sobald dein Hund sich extrem aufregt, herumspringt und durchdreht, hältst du ihn nur eng und mit freundlicher Stimmung an deinem Körper fest und wartest, bis er wieder ruhig ist. Erst danach kann er wieder Informationen aufnehmen.

Beim Hinsetzen ohne Kommando muss der Hund nicht auch noch in der Aufregung gehorsam sein, sondern bekommt klare Hilfe.

Durchdrehen gehört zum Leben. Aber wenn man es öfter tut als ruhig zu bleiben, dann wird es zum Charakter.

WAS MAN OFT TUT, KANN MAN GUT

Aufregung bedingt immer Enthemmung, egal welches Gefühl damit einhergeht. Das Gegenstück zu Aufregung ist Hemmung, nicht Auslastung und nicht Ablenkung!

HEMMUNG UND ENTHEMMUNG

Hemmung braucht dein Hund für alles, was er lassen soll. Wenn er nicht zu anderen Hunden laufen soll, nicht jagen, nicht bellen, nicht beißen, nicht etwas einfach fressen oder nicht hochspringen soll. Für alle diese Dinge und noch viel mehr. **Hemmung ist etwas Gutes und in jedem sozialen Lebewesen eine Grundausstattung, die nach dem Geborenwerden durch Lernen weiter gefördert werden muss.**
Auch das ruhige Gehen an der Leine mit Konzentration auf dich braucht Hemmung, um funktionieren zu können. Ohne sie gibt es keine Konzentration und keinen bewussten Verzicht auf etwas, was der Hund gern täte, aber lässt, weil er weiß, dass er es nicht tun soll. Hemmung ist also die Voraussetzung für alles, was nicht mit dem Erlernen von Kommandos zu tun hat, sondern mit dem Erlernen davon, wie man sich angemessen und höflich im Sozialkontakt benimmt. Hemmung fühlt sich selbstwirksam an, fördert die eigene Lösungsfindung und stärkt so das Selbstbewusstsein. Sie hilft, im Kontakt mit anderen zum Ziel zu kommen, ohne in Konflikte zu geraten, und bringt einem langfristige Freundschaften und soziale Sicherheit. Hemmung schützt vor voreiligen und gefährlichen Handlungen und Entscheidungen und erleichtert das konzentrierte Lernen.

ENTHEMMUNG UND AUFREGUNG

Enthemmung und Aufregung dagegen machen Spaß, fühlen sich frei und anregend an und motivieren dazu, Dinge zu wagen und auszuprobieren. **Enthemmung ist hochgradig selbstbelohnend und verwässert körperliche Schmerzen oder das Risikoempfinden.** Enthemmung lässt einen impulsiv und unbedacht reagieren, eigene und die Grenzen anderer schneller überschreiten.

HEMMUNG AKTIV FÖRDERN

Beide Funktionen gehören zum Leben und haben ihre Qualitäten. Solange eine gesunde Ausgeglichenheit vorliegt, sind beide notwendig und normal. Was allerdings fatal für die Erziehung, aber auch für das Leben des Hundes ist, ist ein Übermaß an Enthemmung. Genau wie bei uns Menschen muss Hemmung aktiv gefördert werden, während sich Enthemmung durch die selbstbelohnenden Mechanismen von allein zeigt und fördert. Dem Hund beizubringen, sich selbst zu hemmen, muss also aktiv durch uns gelehrt werden, damit er es später richtig kann. So wie ein Kind lernen muss, am Tisch sitzen zu bleiben, kein Eis zu bekommen und trotzdem nicht herumzuschreien und im Streit trotz überschäumender Gefühle ein Mindestmaß an Respekt seinem Gegenüber walten zu lassen.

VERBOT ALS CHANCE

Verbieten wir nie etwas, lenken nur ab, anstatt Ansprüche zu stellen, und fördern wir unsere Hunde nicht in dem, was ihnen schwerfällt, dann werden sie immer unter ihren Möglichkeiten spielen und übergriffig und unachtsam mit den Bedürfnissen anderer umgehen. Und das wirkt sich nicht nur auf den Kontakt zu uns, sondern auf das ganze Hundeleben und alle Kontakte, auch zu anderen Hunden aus.

Nicht gewohnt zu sein, auch mal zugunsten anderer etwas nicht zu tun, was man gern tun würde, erzeugt sozial inkompetente und unbeliebte Sozialwesen. **Hemmung und das Fördern von situativem Meiden bestimmter Situationen gehört daher in jede Erziehung von Welpenalter an dazu.** Das Gehirn kann immer das am besten, was es oft tut. Wird der Hund nun also mehrmals täglich in einen Zustand der Enthemmung gebracht oder bringt sich selbst dorthin, dann wird er auch immer öfter diesen Zustand aufsuchen.

Lautes, wildes, schreckhaftes und überschäumendes Verhalten sind Dinge, die mehr werden, je öfter sie vorkommen: Jedes Ausrasten an der Leine, jedes wilde, ungebremste Rennspiel, jede unkontrollierte Hatz auf etwas regen die Systeme im Hund an, die für mehr Aufregung zuständig sind. Ein enthemmter Hund wird deswegen durch den Versuch, ihn noch öfter noch mehr aufzudrehen, um ihn auszulasten, langfristig immer unruhiger und enthemmter werden. Dass er kurz nach der Aufregung in einen Zustand körperlicher Erschöpfung fällt, gaukelt einem vielleicht vor, dass das Enthemmen vorher hilfreich war. Auf die Dauer betrachtet, macht es die Sache aber nur schlechter.

Fehlt das Einfordern von Hemmung komplett in der Erziehung, kann ein nach Aufregung suchender Hund vollkommen den Halt verlieren. Auch für alle anderen Hunde gilt: Je öfter der Hund sich hemmen muss, desto besser kann er sich hemmen. Studien an Menschen zeigen übrigens ganz klar, dass häufiges Hemmen der eigenen Impulse keinesfalls zu einem plötzlichen Ausbruch oder einem Anstau von Energie führt, sondern im Gegenteil eine erleichterte, weitere Hemmung zur Folge hat.

GRUNDREGEL

Als Grundregel kann man sich Folgendes merken: Jedes Aufregen sollte mindestens ein bewusstes Hemmen zur Folge haben, um sich gegenseitig auszugleichen.

ER FREUT SICH, ALSO LIEBT ER MICH!?

In einer Beziehung mag man die Anwesenheit des anderen. Ohne ihn verloren zu sein und auszuflippen, wenn er kurz aus dem Haus war, ist allerdings keine vertrauensvolle und erwachsene Reaktion.

DER GROSSE IRRTUM

Vielleicht kennst du das Szenario: Besuch kommt zu dir nach Hause und dein Hund rastet aus vor Freude. Die Begrüßung ist laut und wild und es wird herumgesprungen und gebellt. Und während er da draußen vor Freude schreit und hüpft, murmelt ein leises Stimmchen in dir: „Bei mir freut er sich nicht so sehr. Anscheinend liebt er mich weniger." Und da sind wir bei einem großen Irrtum angelangt, dem Irrtum, dass Aufregung gleichzusetzen wäre mit größerer Liebe und echterem Gefühl. Dass Bewegung, Lautstärke und Enthemmung Aufschluss darüber geben, ob jemand wirklich fühlt.

Dabei ist Aufregung nur eine Reaktion auf etwas Ungewohntes. Überraschende Besuche sind aufregender als gewohnte Besuche. Weshalb das so wichtig ist für das weitere Buch? Ganz einfach: Wenn der Hund etwas lernen soll, dann ist es notwendig, dass du die Wichtigkeit und den Wert von Konzentration und ruhigen Gefühlen verstehst.

Um das genauer zu erklären, komme ich zu dem Beispiel mit dem Besuch zurück. Natürlich ist etwas, das selten passiert, überraschend und neu, unverhofft ist aufregend. Auf der anderen Seite ist alles, was überraschend neu und unverhofft ist, unbeständig. Zuverlässigkeit, Ruhe, Vertrauen und die beruhigende Umarmung der Normalität lassen niemanden ausflippen, auch deinen Hund nicht. Aber was ist wichtiger? Was ist Heimat, Zu-Hause-Sein und Erholung? Das Abenteuer ist schön, aber es ist nicht der Anker. Und ohne Anker ist das Abenteuer nur ein Dauerstress, genauso wie ein kleines Ausbrechen aus der Normalität frischen Wind ins Leben bringt.
Dein Hund liebt dich also nicht weniger, wenn er weniger ausrastet. Er ist sich sicher gewesen, dass du zurückkommen wirst.
Er findet es selbstverständlich, dass du ihn nicht verlässt und ihr zusammengehört. Ein Hund, der schlaftrunken zur Tür gewandert kommt, sich kurz und ruhig freut oder nur vom Körbchen aus mit der Rute auf den Boden klopft, wenn du nach Hause kommst, ist also kein Grund, sich minderwertig zu fühlen. Eher sollten wir uns fragen, wie es zu dieser extremen Bedürftigkeit unsererseits kommen kann, dass wir gleich mangelnde Liebe wittern, wenn der Hund sich über jemand anders freut.

ANSPRÜCHE AN DEN HUND

Wenn wir erwarten, alles für unseren Hund zu sein, die beständige Liebe und gleichzeitig das große Abenteuer, die wichtigste und einzige Person der Welt und das große Neue, dann ist es an uns, innezuhalten und zu prüfen, ob unser Hund hier einem gerechten Anspruch unterliegt oder ob es um die

Gewohnheit und Vertrautheit sind vielleicht nicht so aufregend, aber sie gehen tief.

Erfüllung unseres Wunsches geht, für alles geliebt zu werden und bedingungslose Liebe exklusiv zu erfahren.
Dieser Anspruch würde den Hund zu einem Werkzeug für unsere Bedürftigkeit machen und ihn in seiner individuellen Entwicklung ausbremsen.

LERNEN FINDET IN KONZENTRATION STATT

In diesem Buch geht es oft um Ruhe, Vertrauen und um euch beide als eigenständige Wesen. Konzentration wird zu jeder Zeit, wenn es ums Lernen geht, das Ziel sein und nicht Freude und Aufregung. Auch das ist ein Grund, wieso alles, was hier lobend und bestätigend empfohlen wird, nie etwas mit wildem, lautem und aufgeregtem Verhalten zu tun hat, denn wer lernen möchte, der braucht innere Ruhe. Und eure Verbundenheit und Zugehörigkeit werden über bewusste und sanfte Berührungen ausgedrückt werden. Aufregung und gemeinsames Ausrasten könnt ihr abseits von diesem Buch zelebrieren. Lernen findet in Konzentration statt.

HALT MICH RUHIG!

In einer Beziehung kann man sich manchmal gegenseitig auf die Palme bringen. Aber man kann sich auch unterstützen, runterzufahren, durchzuatmen und sich zu beruhigen.

Aufregung ist selbstbelohnend und ruft nach mehr. Aufregung betäubt, lässt einen Sorgen und Unsicherheiten vergessen und schützt vor Selbstreflexion. In großer Aufregung und Erregung agiert der Hund wie unter Autopilot, ohne bewusste oder gar sinnvolle Entscheidung zu treffen, Hauptsache es knallt. Aufregung enthemmt und macht Emotionen lauter. Ein Hund, der andere Hunde an der Leine anbellt oder ausrastet, weil er zu ihnen hinwill, der wird das wieder tun wollen durch die Aufregung und das angenehme Gefühl, mal so richtig schön ausgerastet zu sein, ohne seinen Worten

01

01 An der Leine ausrasten ist immer auch selbstbelohnend und wird eher stärker, wenn man nichts dagegen tut.

02 Territorialverhalten, Frust und die Lust am Ausflippen, ohne Konsequenzen zu fürchten, sind die Hauptursachen für Leinengepöbel.

Taten folgen lassen zu müssen. Hunde an der Leine anbellen ist ein selbstbestätigendes Verhalten, das nicht durch Gewöhnung verschwindet, sondern dadurch nur noch schlimmer wird. Auch das Loben fürs Nichtausrasten nutzt überhaupt nichts, denn das hauseigene Lob erzeugt dann durch die Ausschüttung im Gehirn, dass es ein Lob fürs Bellen und ein Lob fürs Nichtbellen gibt.
Es braucht in diesem Fall also, egal was mal der Auslöser für das Ausrasten war, vor allem zwei Dinge: Konzentration und Ruhe, um die Situation neu bewerten zu können und nicht im Autopiloten-Modus herumzuspringen, und eine klare Information darüber, dass der Mensch das Ausrasten nicht möchte. Ohne Information darüber, dass das Verhalten unerwünscht ist, weiß der Hund nicht, worum es geht.
Ohne Konzentration und Ruhe kann er diese Information schlecht aufnehmen, und ohne das Unterbinden oder langweilig Machen des selbstbelohnenden Ausrastens wird wird man immer gegen die belohnenden Ausschüttungen im Gehirn anarbeiten müssen, die das Bellen jedes Mal bestätigen.

02

STEH MAL STILL UND SCHAU MICH AN

Wie bringt man jemanden, der tobt, feiert oder einen Weinkrampf hat, zurück ins Hier und Jetzt? Genau! Hinstellen, auf einen hilfreichen Kontakt fokussieren, atmen.

Würde man einen Menschen in einer extremen Emotionslage ansprechen wollen, um etwas Wichtiges zu vermitteln, das Konzentration und Mitdenken erfordert, wie würde man es intuitiv machen? Man würde den Menschen an den Schultern nehmen und zum Stillstehen zwingen oder hinsetzen. Ihm tief in die Augen sehen und einen Kontakt erwirken, dem er sich nicht entziehen kann. Dann würde man wahrscheinlich besonders ruhig und klar sprechen und die Aufmerksamkeit und Statik weiter einfordern, bis man verstanden wurde. Eigentlich logisch, oder?

STILLHALTEN ERZEUGT RUHE

Körper und Geist agieren miteinander, und genauso, wie eine innere Stimmung über viele Bewegungen nach außen getragen wird, kann das Stillhalten des Körpers eine innere Ruhe erzeugen. Körperliche Bewegung macht eben auch Aufregung im Geist. Ganz simpel durch das Erhöhen des Blutdrucks, die Aktivität der Muskeln und die Beschleunigung der Reize, die in Bewegung auf den Körper treffen. Versuch mal, eine schwierige Matheaufgabe zu lösen, während du herumhüpfst und mit den Armen winkst. Und dann löse eine ähnliche Aufgabe sitzend und still. Wahrscheinlich brauchst du diesen Test gar nicht zu machen, weil dir auch so schon klar ist, dass motorische Ruhe auch Konzentration fördert.

Je konzentrierter du bist, desto stiller wird dein Körper. Beim Nachdenken kann es so sogar zu richtigem Innehalten aller Bewegungen kommen. Stell dir jemanden vor, der etwas erzählt und versucht, sich an eine Gegebenheit zu erinnern. Er würde beim Sprechen innehalten, in seiner Bewegung verharren und wie mit einem Pausenknopf gestoppt erstarren, bis ihm eingefallen ist, was er im Kopf gesucht hat. Erst danach wird er flüssig weitersprechen und sich bewegen.

So tut es auch der Hund. Auch er braucht körperliche Statik, um sich besser konzentrieren zu können und vernünftige Gedanken zu fassen. Das Areal im Gehirn, das für Vernunft, vorausschauende Entscheidungen und das Bremsen von impulsiven Handlungen zuständig ist, ist übrigens das Stirnhirn. Ich nenne es mal liebevoll „Stirni".
Stirni ist also der Teil im Kopf des Hundes, den es für bewusste Entscheidungen, sachliche und kluge Abwägungen und das Hin-

01

01 An der Leine zu gehen ist etwas Unnatürliches für Hunde. Sie müssen die dafür geltenden Regeln gezielt erlernen.

02 Lautes Schimpfen des Menschen machen die Aggression an der Leine meistens noch viel schlimmer. Genau wie die Erfahrung, immer wieder einfach losstürmen zu können.

02

unterschlucken allzu emotionaler Ausbrüche braucht. Auch dein Hund hat ein Stirni, vielleicht benutzt er es nur nicht so oft. Wie gut so ein Stirni ausgebaut ist, entscheidet übrigens bei allen Lebewesen über soziale Fähigkeiten und das Lernvermögen. Nicht jedes Tier ist hier gleich ausgestattet. Ist der Körper ruhig, der Organismus unaufgeregt, dann kann es optimal arbeiten. Wer still steht, kann also besser denken, und wenn du deinen Hund dazu bringen kannst, still zu stehen, machst du es seinem Stirni leichter. Ein Kommando können viele Hunde in dieser Emotionslage gar nicht umsetzen.

Nun könnte man denken, dass ein „Sitz"-Kommando hilfreich wäre. Aber mal ganz ehrlich, wenn das in dieser Situation zuverlässig klappen würde und dein Hund so ruhig wäre, dass er einfach fein „Sitz" macht, wenn ein anderer Hund nah an euch vorbeigeht, dann hättest du dieses Kapitel bereits überschlagen. Das große Problem ist ja, dass dein Hund zwar weiß, was „Sitz" bedeutet, es aber in der Aufregung gar nicht ausführen kann und will. Die Aussicht auf ein Leckerchen fürs Sitzen macht es dann noch schlimmer, denn das schürt wieder neue, zusätzliche Emotionen und Aufregung. Warum also nicht dem Hund die Arbeit abnehmen und gleichzeitig unterbrechend eingreifen?

Dafür zeige ich dir im nächsten Schritt eine Haltetechnik (siehe Seite 188), die den Hund einerseits in körperliche Statik bringt und dir gleichzeitig die Möglichkeit gibt, direkt zu vermitteln, was richtig und was falsch ist. Statik beruhigt den Geist automatisch.

Bei Kindern macht man sich diese Erkenntnis schon lange zunutze, indem man sie sanft in eine Decke einwickelt, sodass sie sich nicht mehr bewegen können. „Pucken" heißt diese alte Technik, die (richtig angewendet) Neugeborene weltweit in Entspannung und einen ruhigen Schlaf bringen kann. Weitere Techniken aus der Psychologie sind ebenfalls auf dasselbe Konzept ausgelegt, das Kind zu halten, wenn es wütend oder aufgeregt ist, und es fest und liebevoll zu umarmen. Der große Unterschied zwischen einer unangenehmen Schraubzwinge, mit der Betonung auf „zwinge" und einer beruhigenden Hilfe ist die Art, zu greifen, und vor allem die Art, zu fühlen, der Hintergrund desjenigen, der da hält, seine Einstellung und sein Ziel. Halte ich ein Kind aus Wut, um meine Überlegenheit zu demonstrieren, und mit dem Gefühl von Rache, dann wird es das spüren und sich ganz sicher nicht beruhigt, sondern gezwungen fühlen. Das gleiche feste Halten mit einer freundlichen Absicht, Mitgefühl und einem ruhigen Atem dagegen wird ganz anders wirken.

Genauso ist es für den Hund. Die Absicht hinter dem Griff verändert die Situation völlig! Exakt dieselbe Tat kann vollkommen unterschiedliche Effekte haben, weshalb die **Selbstreflexion** bei allen Haltetechniken im Vordergrund steht. Mit einer negativen Absicht, Abwertung und Wut oder auch einem schlechten Gefühl zu sich selbst, wird auch die Technik eine negative Auswirkung haben.

Das feste Halten, ohne nachzugeben, ist also nur die Technik. Die Wirkung der Technik ist die eigene Einstellung und die Konzentration auf das Ziel und nicht das Defizit. Spürst du Wut auf deinen Hund während der Übung, dann halte inne, atme tief durch und erinnere dich daran, dass du hier bist, um zu helfen. Dass dein Hund nichts tut, um dich zu ärgern, sondern dass er mit seinen Emotionen nicht klarkommt. Dass er nicht unwillig ist, sondern deine Unterstützung braucht. Eingeschliffene Verhaltensmuster in hoher emotionaler Lage zu verändern ist eine große und schwierige Aufgabe. Mit deinen positiven Gedanken wie: „Du schaffst das!", oder: „Ich mag dich auch jetzt!", kannst du dich und deine Einstellung beeinflussen und anders auf deinen Hund wirken.

DIE PARKPOSITION

Dies ist eine Technik, die allen Hunden von Welpenalter an nahegebracht werden sollte und so viele Situationen erleichtern kann. Sie kann ritualisiert und in jeder Situation abgerufen werden, in der es stressig wird.

DIE ERSTEN SCHRITTE

FUSS AUF DIE LEINE

Die Parkposition wird in vielen Hundeschulen bereits in der Welpengruppe vermittelt, und das völlig zu Recht. Angefangen wird, indem man sich mit den Füßen auf die Leine stellt, sodass der kleine Hund sich nicht wegbewegen kann. Das Stückchen Leine, das unter dem Fuß herausschaut, ist dabei so kurz, dass der Welpe gerade so aufrecht stehen kann. Der Mensch sagt und tut ansonsten nichts und geht auch nicht auf Ziehen und Quengeln des Hundes ein. Er schult sich darin, bei sich zu bleiben und aufrecht zu stehen, ohne jede Aktion des Hundes zu kommentieren. Das ist die erste Erfahrung einer Statikübung, in der der Hund selbstständig zur Ruhe finden darf und ausnahmsweise ohne die ständige Beurteilung und Manipulation durch seinen Menschen zu der Erkenntnis kommen kann, dass Statik zu Ruhe führt und diese zur Entspannung. Welpen legen sich meist schon nach der dritten oder vierten Wiederholung ruhig hin, beobachten ihre Umgebung oder schlafen sogar. Ein Geschenk für jeden Welpen, wenn diese Übung immer wieder im Alltag zelebriert wird, zum Beispiel beim Gespräch mit einem anderen Menschen auf der Straße oder beim Warten auf den Bus. Je öfter der kleine Hund merkt, dass Stehen des Menschen automatisch zu Statik führen wird, desto mehr wird dieser Bewegungsablauf des Hinsetzens oder Hinlegens als selbstverständlich ritualisiert, auch ohne dass ein

Einfach still auf der Leine stehen und mal nicht zu bewerten, was der Hund tut, ist schwer.

Kommando verwendet wird. Der Hund darf auch stehen. Die größte Herausforderung an den Menschen ist es dabei, einmal still zu bleiben, nicht auf Kommandos und Sprache zurückzugreifen und dem Hund die Möglichkeit und Zeit zu geben, selbst herauszufinden, was man aus so einer Situation machen kann.
Sich zurücknehmen, Erfahrungen beobachten und nur liebevoll mit den Gedanken zu begleiten, fällt uns oft am schwersten. Genau das wird aber in diesem Buch immer wieder zur Aufgabe werden.

INS SITZ „FORMEN"

Im zweiten Schritt für die Parkposition wird der Hund in ein „Sitz" geformt, indem die Hände ihn kommentarlos und bedächtig ins Sitzen schieben. Das darf gern dauern, es gibt keinen Grund zur Eile oder zu ruckartigen, genervten Schubsbewegungen. Vielmehr ist es ein andauerndes sanftes, aber deutliches Drücken mit der flachen Hand. Der Hund wird mit den Händen oder der kurzen Leine an die Seite des Menschen geführt und vorn im Halsband oder Muskelmantel festgehalten. Es kann also mit dem Griff Teigkneter (Seite 138) gehalten werden. Die haltende Hand greift von der dem Hund abgewandten Seite vorn an den Knien des Menschen vorbei. Manchmal ist es auch ausreichend, mit der Technik des Blattes Papier (Seite 138) an der Brust des Hundes einen Stopppunkt zu setzen. Wichtig ist aber, dass der Hund vorn wirklich fest fixiert ist. Der Handrücken der Haltehand sollte am besten am Schienbein oder Knie des Menschen aufliegen. Vorn ist der Ankerpunkt. Es ist unbedingt nötig, eine Leine am Halsband zu befestigen und zusätzlich zu halten, damit der Hund nicht weglaufen kann, wenn er sich aus dem Griff befreit. Den Hund vorn mit dem Kopf am Knie zu halten hat also immer Priorität, egal was der Rest des Hundekörpers tut.
Der Mensch steht mit beiden Füßen nach vorn gerichtet und zieht den Hund seitlich an sich heran, ohne sich mit dem Oberkörper über ihn zu beugen. Ist der Hund vorn an der richten Stelle sicher gehalten, gleitet die zweite Hand in der Technik des Lappens (Seite 138) langsam am Hundekörper außen, auf der vom Menschen wegzeigenden Seite, entlang. Sie stoppt an der Außenseite des Hundehinterns und wird da zum Blatt Papier oder zum Teigkneter, um den Hund Schritt für Schritt mit dem Hinterteil heranzuziehen, bis er ganz gerade neben dem Menschen steht.
Erst wenn dass geschafft ist, beginnt die Phase des Hinsetzens. Die hinten aufliegende Hand bleibt, wenn möglich, direkt auf dem Hund liegen und gleitet dann wieder als Lappen nach oben auf den Po des Hundes. Dort beginnt sie als Blatt Papier oder, bei starker Gegenwehr, als Krönchen (Seite 138) zu drücken.

Beim Führen mit der Hand versteht der Hund einfacher, was gemeint ist.

Du kannst mehr rechts oder links zur Hüfte gleiten, falls du den Hund vom Wegdrehen abhalten musst, bleibst aber mit der Hand immer am Körper des Hundes und lässt die linke Hand am hinteren Ende des Hundes. So lange es nicht unbedingt notwendig ist, verschiebst du die Hand nicht in ihrer Position und machst den Druck gleich bleibend oder stufenlos ansteigend, ohne Wippbewegungen. Versuche den Druck – einmal begonnen – aufrechtzuhalten.
Bricht der Hund zur Seite aus oder zieht nach vorn weg, dann beginnt alles wieder von vorn und in denselben Schritten. Wenn es möglich ist, lass den Hund gar nicht erst ganz weggehen. Halte die Leine kurz. Ziehe ihn einfach vorn nah an dich und dein Bein, warte eventuelle Wutanfälle oder hysterische Ausbrüche geduldig ab und sichere, wenn nötig, mit einem zweiten Griff vorn am Hals, sodass rechts und links vom Hals ein Teigkneter hält.
Hat sich der Hund wieder beruhigt, beginnst du wieder erst mit der Position vorn, dann mit dem Nach-hinten-Gleiten, Ranziehen und dann erst mit dem Druck nach unten.

Es geht nicht darum, schnell in der Endposition zu landen, sondern darum, dass der Hund jede Bewegung bewusst mitverfolgen kann. Dass er diskutiert, ob er wirklich muss, dass du zeigen musst, dass du es wirklich so meinst, und trotzdem fair und besonnen bleibst, sind die Ziele dieser Übung, auch wenn du den Hund hundertmal seitlich heranziehen musst und vorerst gar nicht zum Hinsetzen kommst. Es darf lange dauern und erst am Ende der Übung dazu kommen, dass der Hund kurz sitzt und du dich aufrichten kannst.

01

02

03

04

01 – 04
Schnipsels Körpersprache zeigt Konzentration und Fokus auf den Moment, was etwas verkniffen aussieht.

Erst wenn eine Position perfekt ist, folgt die nächste.

Langsam und konsequent.

Wenn es um „Sitz"-Machen gehen würde, dann könntest du auch einfach dein Kommando sagen und einen Keks zücken. Genau die Tatsache, dass es hier ums Prinzip geht, ist das Spannende für dich. Wie reagiert dein Hund, wenn du es einforderst?

SITZEN ODER STEHEN

Die Parkposition ist genauso wertvoll, ob dein Hund sitzt oder neben dir steht. Am Ende soll der Hund in der Position bleiben und entspannen, und du sollst dich aufrichten und tief atmen können. Gerade im Alltag, wenn der Hund sehr unruhig ist und oft in die Parkposition gebracht werden muss, bietet es sich an, ihn nicht hinzusetzen, sondern neben sich zu stellen und dort ruhig stehen zu lassen. Du kannst also die Parkposition in beiden Varianten üben, und wenn du möchtest, dass dein Hund steht, das Stehen ebenso konsequent durchsetzen wie das Hinsetzen. **Wichtig dabei ist, es dass du vorher klar die Entscheidung triffst und nicht dem Vorschlag deines Hundes nachkommst.** Hast du dich für die stehende Parkposition entschieden, dann bleibe dabei, auch wenn es sich vielleicht ergibt, dass das Hinsetzen leichter wäre oder dein Hund es anbietet. Es geht hier um deine Regeln und Vorgaben und darum verlässlich bei deinen Bedingungen zu bleiben.

Lässt du dich überzeugen, um einen Streit mit deinem Hund zu vermeiden und der Bequemlichkeit nachzukommen, schneller am eigentlich nicht vereinbarten Ziel anzukommen, dann vermittelt das einen falschen Eindruck für deinen Hund. So könnte er lernen, dass er nur lange genug dranbleiben muss, um das Geschehen am Ende doch zu seinen eigenen Konditionen zu lenken. Setzt sich dein Hund immer wieder hin, weil du vielleicht bei der letzten Situation das Sitzen durchgesetzt hast, dann fasst du ruhig mit der führenden Hand unter seinen Bauch und hebst ihn wieder hoch. Rollt er sich dabei auf den Rücken oder lässt sich plumpsen, dann stellst du dich ruhig und aufrecht hin und nimmst die Leine straff nach oben auf, sodass er sich hinsetzen oder hinstellen muss, um es wieder bequem zu haben. Erst wenn er mit den Pfoten erneut am Boden ist, fasst du wieder unter den Bauch, um ihn ins Stehen zu bringen. Auch hier hast du alle Zeit der Welt. Es muss nicht schnell gehen, es soll nur flüssig und konsequent sein.

Theoretisch könntest du auch eine Parkposition im Liegen einfordern und nutzen. Oft ist das aber unpraktisch, weil man sich als

Die Hand bleibt liegen, bis der Hund „fest" sitzt.

Mensch sehr weit herunterbeugen muss und gleichzeitig die Füße nach vorn ausgerichtet lassen soll.
Gerade wenn die Parkposition oft hintereinander angewendet wird, zum Beispiel, wenn du irgendwo zu Besuch bist, und der Hund sich sehr stark hochfährt, dann ist es unpraktischer, ihn liegen statt stehen zu lassen. Manche Hunde nutzen das Hinlegen auch eher als Taktik, um einem Griff und einer Korrektur besser entgehen zu können und sich einfach aus dem Konflikt herauszuziehen. Deswegen ist die Position mit einem liegenden Hund ungünstig. Entscheide selbst, was euch langfristig weiterbringt und ob das Hinlegen tatsächlich eine Hilfe ist. Wenn du unsicher bist, nutze lieber die sitzende und stehende Position.

AUF DIE EIGENE KÖRPERSPRACHE ACHTEN

Achte auf deine Körpersprache, wenn du den Hund zu dir ziehst. Dein Körpergewicht, Knie, Gesicht und Fußspitzen sollten so weit wie möglich vom Hund weggedreht sein, wenn du ihn näher ziehst. Dein Blick schweift am Hund vorbei auf den Fußboden und sucht keinen Blickkontakt. Dein Oberkörper lehnt sich so weit wie möglich vom Hund weg.

Aufrichten, abwarten und aufmerksam bleiben

AUFLÖSEN

Wenn dein Hund ruhig steht, sitzt oder liegt und genau in der Position bleibt, in der du ihn geformt hast, richte dich langsam auf. Verändert er seine Position wieder, stelle ihn wieder so hin, wie er war. Wenn du ein paar tiefe Atemzüge aufrecht stehen konntest, ohne dass dein Hund seine Position verändert hat, dann löse die Übung auf. Sprich deinen Hund dafür mit direktem Blickkontakt an und nutze Körpersprache und Stimme, um klarzumachen, dass er sich wieder frei bewegen darf.

DISKUSSIONEN SIND EIN GRUND ZUR FREUDE!

Freue dich über neue Diskussionen und Tricks, die dein Hund ausprobiert, anstatt dich zu ärgern. Er stellt dich und deine Anweisungen in Frage, und das ist erstens sein Recht als eigenständiges Lebewesen und zweitens genau der Moment, in dem ihr euch auseinandersetzt mit dem, was der jeweils andere will. Das ist sozialer Kontakt und echte Beschäftigung mit dem Gegenüber und seinen Eigenarten und Ideen. Hier lernt ihr beide für- und miteinander und stärkt die Bande eurer individuellen Beziehung, anstatt den Streberwettbewerb im artigen Kunststücke-Aufführen zu bestreiten. Ein Hurra auf die Auseinandersetzung, solange sie fair und verständlich ist. Ein gut geführter Streit, der auf Basis von Respekt und Nachvollziehbarkeit ausgefochten wird, bringt einen enger zusammen als ein naserümpfendes Vermeiden.

Die Parkposition kann zunächst im ruhigen Rahmen geübt und dann in allen Situationen abgerufen werden, in denen der Hund sich beruhigen soll, bevor er weitermacht. Die Übung wird immer erst dann aufgelöst, wenn der Hund wirklich ruhig ist. Niemals aus einem Wutanfall oder starker Gegenwehr heraus. Halte ihn lieber ein paar Sekunden länger als kürzer und lasse ihn lieber ein bisschen länger sitzen oder stehen, bevor du aus Versehen seine Unruhe bestätigst.

WUSSTEST DU ...

Die Parkposition sollte zur Standardtechnik in jeder Welpen- und Junghundegruppe gehören und hilft in den verschiedensten Situationen, den Hund schnell und ohne laut zu werden zu beruhigen.

SCHRITT FÜR SCHRITT

1. Die vordere Hand ist deine starke Hand. Der Hund steht links neben deinem Bein, sodass seine Schulter auf Höhe deines Beins ist.
2. Stelle deinen Hund nah an dein Bein, sodass ihr euch leicht berührt.
3. Die vordere rechte Hand hält den Hund vorn an der zu dir zeigenden Seite des Halses.
4. Entweder greifst du dafür fest ins Halsband oder in Muskelmantel und Halsband gleichzeitig, wobei dann der Fokus auf dem Muskelmantel liegen sollte und das Halsband nur mit dem Daumen mitgegriffen wird zur zusätzlichen Unterstützung.
5. Wenn du noch nicht sicher im Griff bist und zu flach in den Muskelmantel greifst oder Sorge hast, den Hund nicht halten zu können, dann nutze das Halsband. Dafür benötigst du ein breites, festes Halsband und kein Zugstopphalsband oder Kette.
6. Die vordere rechte Hand bleibt nun immer auf Höhe deines linken Beins, am Knie oder Schienbein, je nach Hundegröße.
7. Wichtig ist, dass du versuchst, deine Hand immer so nah wie möglich an deinem Bein zu lassen und nur nach oben oder unten zu verschieben, nicht aber nach rechts oder links vom Bein weg.
8. Sobald es zu Bewegung oder Gegenwehr deines Hundes kommt, möchte deine vordere Hand näher an dein Bein und bleibt so lange vorn über deinem Knie wie festgetackert, bis wieder Ruhe eingekehrt ist.
9. Während die vordere Hand den vorderen Teil des Hundes an Ort und Stelle behält, ist die hintere linke Hand dafür zuständig, an der Außenseite des Hundes, also der vom Menschen wegzeigen-

den Seite, die Hüfte am Ausbrechen zu hindern und den Po des Hundes zu halten oder nach unten zu schieben.

10. Nutzt du die stehende Parkposition, dann drückst du mit dieser Hand die Hüfte deines Hundes in die Richtung deines Beins oder greifst mit ihr unter den Bauch deines Hundes, um ihn wieder hochzuziehen.
11. Mache jede neue Bewegung nacheinander und führe nie zwei Bewegungen gleichzeitig.
12. Sortiere und fixiere erst den Vorderkörper des Hundes, dann seitlich, dann hinten.
13. Bleib ruhig und klar und versuche den Hund immer nah bei dir zu halten und nicht wegzulassen, auch wenn er tobt.
14. Atme bewusst tief und langsam.
15. Lass deine Füße gerade nach vorn gerichtet.
16. Beuge dich, so weit es geht, vom Hund weg, wenn du ihn heranziehst.
17. Beende die Übung mit einer bewussten Auflösung, wenn es gerade einige Zeit still war und gut lief.
18. Für die Parkposition gelten die gleichen Regeln wie für die Übung „Aussitzen heißt Dranbleiben“ (Seite 116).
19. Nutze die Techniken Seite 138: Blatt Papier, den Teigkneter und den Lappen. Je nachdem, was in dem Moment am besten wirkt und zu deinem Hund passt.

FÜR WEN DIESE ÜBUNG BESONDERS GEEIGNET IST

Jeder Hund flippt mal aus. Aus Angst, Wut, Freude oder einer übermäßigen Erwartungshaltung. Der eine ist eher vorsichtig und sein Ausflippen ist zart und klein. Andere Hunde springen, bellen, schreien und toben, alles eine Frage der Persönlichkeit und nicht besser oder schlechter. Manche Hunde sind eben sehr emotional und laut und andere still und zart. Wieder andere ernsthaft und hart. **Dein Hund darf sein, wie er ist, auf seine ganz spezielle Art und Weise. Er soll auf seine eigene Art lernen, mit seinen persönlichen Gefühlen umzugehen, und du nimmst ihn, wie er eben ist.** Egal, auf welche Art er emotional wird oder die Kontrolle verliert, du kannst ihm mit dieser Technik helfen, sich wieder zu fangen und in seine Ruhe zurückzufinden.

- Parken kann der Hund im Sitzen oder auch im Stehen, wenn er zum Beispiel Schmerzen oder Gelenkprobleme hat und schwer aufstehen kann. Es geht um die Statik und das Durchsetzen, nicht um die Position an sich.
- Die Parkposition eignet sich für absolut jede Situation, in der du Ruhe herstellen möchtest, deinem Hund ein paar Sekunden Zeit zum Nachdenken verschaffen willst oder ihr euch auf eine Übung vorbereiten wollt.
- Am Anfang einer Leinenführigkeit kann die Parkposition helfen, in Ruhe zu starten.
- Bevor ihr einen Raum betretet, kann sie den Hund daran erinnern, höflich und vorsichtig einzutreten.
- Bevor du ableinst und deinen Hund in den Freilauf entlässt, macht sie ihn konzentrierter und besser zugänglich für einen möglichen Rückruf.
- Dreht dein Hund im Spiel mit anderen Hunden zu sehr auf und übertreibt es, dann kannst du ihn mit einer kleinen Pause in der Parkposition wieder herunterkochen, bevor er weiterspielt.
- Es ist also die Allround-Position, um überall für mehr Konzentration und Ruhe zu sorgen und den Hund langfristig zu erwachseneren und souveräneren Reaktionen zu bringen.

01

02

03

Diese Technik des immer wieder Still-Haltens und Loslassens, sobald der Hund auch nur im Ansatz in einen übererregten Zustand kommt, ist übrigens eine wirkungsvolle Methode, mit aufgedrehten Hunden Ruhe zu üben, und grundlegend in ihre Gesamtstimmung einzugreifen und sie zu verbessern. In diesem Fall sollte im Alltag auf die stehende Parkposition zurückgegriffen werden. Die Schwierigkeit daran ist allerdings, dass man wirklich immer, wenn der Hund sich verliert, eingreifen und zugreifen muss und diese Hilfe konsequent, konstant und mit einer stoischen Ruhe und Geduld anbietet.

Das heißt vor allem für den Menschen, dass ein hohes Maß an Impulskontrolle und Konsequenz nötig ist. Zahlt man aber diesen Preis, dann ist es erstaunlich wie wirkungsvoll diese einfache Technik, die im Alltag immer wieder angewandt wird, zu einer Verbesserung führen wird.

So simpel es im ersten Moment erscheinen mag, es ist für die meisten überdrehten Hunde die leichteste Möglichkeit, eine echte Veränderung zu erschaffen, die andere Trainingsformen nicht erreichen können. Es auszuprobieren ist es in jedem Fall wert, wenn du dich denn in der Lage siehst, die Kriterien für eine konsequente Umsetzung zu erfüllen. Aufgeregte Hunde lernen so, sich wieder zu regulieren, ihre Aufregung vielleicht sogar das erste Mal bewusst wahrzunehmen. So wie wir vielleicht aus Gewohnheit immer wieder an den Fingernägeln kauen, ein bestimmtes Wort zu oft sagen, zu laut reden, wenn wir aufgeregt sind, oder den Tick haben, uns ständig die Hände in die Tasche zu stecken.

Um gewohnte Mechanismen ablegen und erkennen zu können, braucht es jemanden, der jedes Mal wieder in dem Moment darauf aufmerksam macht, was wir gar nicht mehr bemerken. Ähnlich ist es mit dem Festhalten bei großer Aufregung. Hunde, die ständig überdreht sind, merken gar nicht mehr, dass sie sich schon wieder aufregen. Sie brauchen uns, die sie immer mit derselben Tech-

04

01 Gerade alte oder sehr große Hunde müssen langsam bewegt werden, weil sie eine langsamere Reaktion haben.

02 Die Pausen zwischen den einzelnen Schritten ein paar Sekunden zu verlängern und die Hand am Hund liegen zu lassen wirkt zusätzlich beruhigend.

03 Ein alter oder hüftkranker Hund sitzt oft seitlich und muss an der Hinterhand mit Vorsicht bewegt werden.

04 Für manchen Hund wäre das Greifen hier zu viel, in diesem Fall mag es der Hund lieber als das Ziehen mit der flachen Hand. Achte darauf, was deinem Hund hilft und gefällt!

05 Jeder Hund ist anders. Für sensible Hunde eignet sich das Blatt Papier als Ersatz für den Teigkneter (siehe Seite 138).

nik geduldig und konsequent daran erinnern, dass sie es schon wieder tun.
Es braucht viele, viele Wiederholungen. Diese Wiederholungen müssen immer wieder ohne Bewertung, ohne Genervtheit und immer mit dem gleichen Reaktionsmuster verbunden werden. Am Ende kann man genau sehen, wie der Hund sich sofort erinnert, wenn man nur die Hand an seinen Hals legt, und in einer Sekunde herunterfährt und zurück zur Ruhe kehrt. Selbst wenn er lebenslang Hilfe benötigt, weil er nun einmal vom Charakter her ein aufgedrehter Hund ist, der sich schwer regulieren kann, dann ist es wie Zauberei, wenn man seine Aufregung irgendwann in jeder Situation durch ein kurzes Halten wieder auflösen kann.

003

Zur Audiodatei
Parkposition durchsetzen

05

GEH MAL LANGSAM!

Einen gemeinsamen Weg zu beschreiten kann vereinend und schön sein. Aber nicht, wenn einer der beiden sich nur mit anderen Dingen beschäftigt und vorausläuft, ohne zu warten.

DAS DING MIT DER LEINE

Es gibt diverse Methoden, dem Hund ein ruhiges Laufen an der Leine, nah am Bein des Menschen, beizubringen. Egal wie man es aufbaut, irgendwann kommt der Punkt, an dem man es durchsetzen muss, dass der Hund nah bleibt, wenn eine Ablenkung ins Blickfeld kommt, die auch nicht durch Ablenkungsversuche zu überwinden ist. An dieser Stelle spätestens braucht es ein verständliches Unterbinden des Vorspringens und ein Vermitteln, dass Ziehen und Vorlaufen unerwünscht sind. Lässt man diesen Teil des Lernens weg, raubt man dem Hund fünfzig Prozent der Informationen, die er für das Verstehen braucht. Zu wissen, was erwünscht ist, sagt eben nicht automatisch, was unerwünscht ist.

Um dem Hund zu vermitteln, was gemeint ist, rate ich wie immer dazu, den Mund geschlossen zu halten. Auch hier ist eine Beschallung aus Lob oder Meckern unangebracht und verwirrt den Hund mehr, als es nutzt, da es eine unnötige Zusatzinformation zu einer bereits verwerteten Lerninformation ist. Statt zu sprechen, sollten wir auch bei der Leinenführigkeit mehr hinsehen, mehr nachdenken, unsere eigene Konzentration wach halten und die Übersicht über die Lernsituation nicht verlieren.

Hunde ziehen oft an der Leine. Das ist meist einfach ein erlerntes Mittel, um dahin zu kommen, wo sie gern hinwollen. Der Mensch folgt entnervt und lässt sich mal schleifen, mal zieht er zurück. Am Ende lohnt es sich für den Hund, in jeder Situation neu auszuprobieren, ob es wohl heute zu einer Gegenwehr des Menschen kommt oder ob der Mensch aus irgendeinem Grund nachgibt. Manche Hunde ziehen auch richtig gern an

der Leine, weil es ihnen etwas gibt, sich reinzuhängen, und wieder andere sind grundsätzlich ungeduldig. Wie auch immer und egal, an welchem Utensil man seinen Hund zu führen pflegt, Zerren an der Leine ist schlecht für den Körper, aber viel wichtiger und viel gravierender: Es ist schlecht für den Geist. Denn es regt den Hund unnötig auf, fördert Enthemmung und das persönliche Konzept, mit dem Kopf durch die Wand zu gehen. Zusätzlich ist das Prinzip, sich führen zu lassen, auch ein Bestandteil sozialer Interaktion, und das gemeinsame An-der-Leine-Gehen drückt nicht selten die Zustände der Beziehung zwischen Mensch und Hund aus.

Damit der Hund lernt, dass es an der Leine nicht darum geht, wer stärker ziehen kann, sollte der Mensch so den Weg vorgeben, dass der Hund glauben kann, dass dieser ihn führt. Das bedeutet, ohne Reden und Locken zu laufen, gleichmäßig das Tempo zu halten und durch sein Handeln zu vermitteln, dass es das Normalste der Welt ist, dass der Hund dem Menschen folgt und die Leine nur eine Absicherung und kein Abschlepptau ist. Zusätzlich kann die Leinenführigkeit durch eine einfache Übung gestärkt werden. Sie basiert auf der stehenden Parkposition, die du schon kennst und geübt hast. Dafür suchst du einen ablenkungsarmen Raum und führst den Hund an einer kurzen Leine, die du so hältst, dass sie keinen Druck auf das Halsband ausübt. Die Leine hängt immer ein ganz kleines bisschen durch! Das ist die wichtigste Regel.

Egal ob Halsband oder Geschirr: Dauerhaftes Zerren ist ungesund, dreht den Hund auf und macht ihn körperlich stumpf.

Das Fühlen am Muskelmantel ist für Hunde intuitiver und natürlicher.

Jetzt wirst du dich fragen, wie das gehen soll, wenn dein Hund die Leine doch auf Spannung bringt und nicht du. Ganz einfach: Immer direkt bevor sich die Leine spannt, wenn sie sich spannen würde, weil dein Hund sich entfernt, greifst du in den Muskelmantel oben am Nacken des Hundes. Bei sehr empfindlichen und schreckhaften Hunden reicht es, die Hand vorn auf die Brust zu legen, indem du von oben über den Rücken des Hundes rübergreifst und dich nach unten beugst. Dann ziehst oder schiebst du den Hund langsam und Schritt für Schritt wieder in die richtige Position neben dich, während du stehst. Es gelten dabei alle Regeln aus der Parkpositionsübung. Erst wenn dein Hund wieder an der richtigen Stelle und bei durchhängender Leine steht, gehst du langsam weiter. Das wiederholst du jedes Mal, wenn die Leine droht, auf Spannung zu geraten. Das kann anfangs durchaus jeden zweiten Schritt betreffen, den du gehst.

ABLÄUFE RITUALISIEREN

Verbinde das Ganze ruhig mit einem Ritual, das deinem Hund zeigt: „Jetzt geht es los, ab sofort gilt es, direkt dranzubleiben." Genauso solltest du ritualisiert vermitteln, dass er sich jetzt wieder frei bewegen kann, um sich zu lösen oder zu schnuppern.

Als Ritual bietet es sich an, den Hund einmal in die Parkposition zu bringen, tief und deutlich ein- und auszuatmen und dann loszugehen. Am Ende folgt ein deutliches Auflösekommando mit entsprechender körpersprachlicher Unterstützung. Dieses Dranbleiben in einem sehr langsamen, gemeinsamen Schritt kannst du während des Spaziergangs immer wieder einige Minuten lang einbauen oder einen ganzen Spaziergang so verbringen und an vorher festgelegten Orten kurz verweilen und den Hund für ein paar Minuten freigeben, damit er sich lösen kann, bevor es weiter geht.

Du kannst auch mit zwei flachen Händen vorn an die Brust des Hundes greifen, wenn ihn der Griff in den Muskelmantel zu sehr aufregt.

Egal wie du greifst, wichtig ist hier die Konsequenz und Wiederholung auf einer geraden, einfachen Strecke. Jeder Ausbruch nach vorn löst einen Griff aus. Ihr braucht Ruhe und eine ablenkungsarme Zone mit einem geraden Weg ohne Hindernisse. Lege vorher eine definierte Strecke von etwa zehn bis zwanzig Metern fest und nutze eine normale, feste Hundeleine, an der du nicht herumfummeln musst, um sie auf einer gleich bleibenden Länge zu halten.

AUS DEM STAND STARTEN

Beginne konzentriert aus dem Stehen heraus und stelle den Hund erst einmal in die Parkposition. Erst wenn das zuverlässig und ruhig klappt, kann es losgehen. Vorher hat die Übung nicht begonnen!

Wenn dein Hund ruhig neben dir steht, ohne dass du ihn halten musst, schaust du auf deinen Weg, atmest tief durch und

beginnst mit dem ersten, langsamen Schritt geradeaus. Achte darauf, dass dein Körper nach vorn in die Richtung gedreht bleibt, in die du gehst, und du dich nicht zum Hund umdrehst. Nur dein Kopf kann seitlich hinunterschauen.
Sobald dein Hund einen Schritt zu weit nach vorn macht und nicht mehr mit der Schulter auf der Höhe deines Beins geht, dahinter zurückbleibt oder zur Seite wegzieht, greifst du kommentarlos, sicher und schnell in den Muskelmantel oben am Nacken des Hundes. Bedenke dabei, dass du ihn nicht an den Haaren ziehst, sondern direkt ganz tief und satt in den Muskel greifst. Das tut deinem Hund nicht weh! Lies hierzu ruhig auch noch einmal ab Seite 52, wo du die Unempfindlichkeit des Muskelmantels kennengelernt hast. Halte mit angespanntem Arm, schaue aber über den Hund hinweg. Keine bösen Blicke, kein Rucken und Zuppeln, kein Sprechen. Lass deinen Körper in Laufrichtung ausgerichtet.

Ziehe den Hund jetzt wieder zu deinem Bein ran, bis er wieder in der richtigen Position steht, und lass erst los, wenn er selbstständig mit allen Beinen stehen bleibt und sich nicht mehr entfernt. Solange er sich dagegenstemmt oder sperrt, hältst du einfach nur ruhig fest und drückst deinen Ellenbogen an deinen Körper. Du lehnst deinen Körper vom Hund weg, indem du einen halben Ausfallschritt machst und ziehst, bis dein Hund wieder neben dir steht. Deine Körpersprache ist ruhig, klar, aber nicht drohend.
Sobald der Hund wieder in der richtigen Position ist, geht es weiter. Sei pingelig und beantworte wirklich jeden Ausbruch zu irgendeiner Seite direkt mit dem Griff. Korrigiert sich dein Hund schnell selbst, greife trotzdem einmal ins Fell. Jeder Ausbruch ist ein festes Versprechen auf einen Griff, egal ob der Hund sich danach schnell wieder in seine Position bringt. Bleibe also konsequent und überschaubar in deinem Handeln.

01

02

03

01 – 03 Ein Zug am Halsband kann vom Hund als fremd und unpersönlich wahrgenommen und abgelehnt werden.

01

02

03

SCHRITT FÜR SCHRITT

1. Stelle deinen Hund neben dich und atme tief ein und aus, bevor du langsam losgehst.
2. Sorge dafür, dass sich die Leine niemals spannt, egal in welche Richtung.
3. Sobald sich die Leine spannen würde, lehnst du dich in einem halben Ausfallschritt zum Hund.
4. Greife in den Muskelmantel oder vorn an die Brust des Hundes.
5. Bleibe kurz mit dem Hund in der Hand stehen.
6. Nimm den Fuß, den du vorgesetzt hast, um dich nach vorn zu lehnen, wieder zurück hinter dich, sodass du einen halben Ausfallschritt nach hinten machst.
7. Ziehe den Hund Schritt für Schritt neben dein Knie zurück.
8. Nutze die Grifftechniken Teigkneter oder Blatt Papier (Seite 138).
9. Gehe erst weiter, wenn der Hund genau neben dir steht.
10. Bleib still und langsam während der Übung.
11. Löse die Übung erkennbar und immer auf die gleiche Weise auf.

06

07

12. Gehe bewusst auf einer geraden Strecke.
13. Sollte dein Hund zur Seite oder nach hinten ausbrechen, mache jeweils angepasst erst einen Ausfallschritt in seine Richtung, um ihn zu greifen, dann einen halben Schritt von ihm weg, um ihn heranzuziehen.
14. Konntest du deinen Hund so rechtzeitig greifen, dass du keinen Ausfallschritt auf ihn zumachen musstest, dann brauchst

04

05

08

09

du auch keinen halben Schritt von ihm wegzumachen, um ihn wieder zu dir ranzuziehen. In diesem Fall lehnst du nur deinen Oberkörper beim Heranziehen von ihm weg.

15. Korrigiert er sich schnell selbst, sobald du greifen willst, greife trotzdem und ziehe ihn ein bisschen zu dir ran und nach oben, bevor du weitergehst. Jede Aktion löst eine Reaktion aus.

01 – 02 *Bleibe so aufrecht wie möglich im Oberkörper.*

03 – 05 *Lehne dich beim Zurückziehen körpersprachlich weg und schaue weg.*

06 *Dein Körpergewicht will beim Unterbrechen offensiv zum Hund hin und beim Nahebringen defensiv von ihm weg. Nähe macht Distanz und Distanz macht Nähe!*

07 – 09 *In Ruhe ganz ankommen lassen, halten und dann erst loslassen.*

01

02

03

04

FÜR WEN DIESE ÜBUNG BESONDERS GEEIGNET IST

Diese Übung passt für alle Hunde, die an der Leine ziehen oder das Laufen nah am Menschen üben sollen. Es wäre passend, wenn sie vorher zumindest die ersten Grundlagen des ordentlichen Leinelaufens kennengelernt haben und der Mensch zuvor mindestens ein paar Wochen zielstrebig und ohne zu reden mit dem Hund so gelaufen ist, dass der Hund nicht ständig die Richtung und das Tempo vorgeben konnte. Der Mensch muss dazu nur geradeauslaufen und den Hund kommentarlos mitnehmen, ohne sich umzuschauen oder die Wegseite zu wechseln, weil der Hund dorthin zieht. Bei einer guten Leinenführigkeit geht es meistens nicht darum, möglichst viel zu tun, sondern eher darum, möglichst wenig zu tun und einfach selbstverständlich den Weg vorzugeben und sich nicht ziehen zu lassen. Das allein löst schon oft das ganze Problem in Wohlgefallen auf. Dazu muss die Leine kurz bis mittellang gehalten und möglichst wenig nachgegriffen werden.

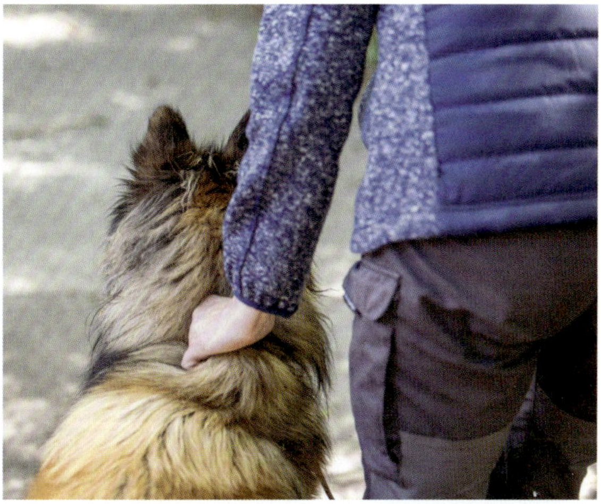

05

06

01 Bevor sich die Leine spannen kann, kommt dein Einsatz.

02 So stolz und aufrecht wie möglich mit dem Blick vorn am Hund vorbei

03 Zurückholen, halten, aufrichten, bevor es weitergeht.

04 Geradeaus und mit Blick nach vorn weitergehen und den Weg körpersprachlich vorgeben

05 Griff weit vorn am Hals

06 So wenig Schritte wie möglich machen, nur das Gewicht verlagern und nachziehen

SICH HALT GEBEN IN SCHWEREN STUNDEN

Eine gute Beziehung stärkt den Rücken, wenn es mal schlecht läuft im Leben. Ruhe und Hilfe vermitteln und in schweren Zeiten die Führung übernehmen und schützen ist ein elementarer Anteil.

Bei Unsicherheit und Angst kann das Halten und Einrahmen Sicherheit geben.

DRÜCK MICH FEST!

Bei Angst zieht sich die Seele tief in den Körper hinein und lässt ihn taub und stumpf zurück. Hier hilft ein Gegenüber, das sicher und ruhig bleiben kann und mit großer Selbstverständlichkeit agiert.

Einen ängstlichen Hund zu beruhigen ist schwer. Manchmal funktioniert es nur ein bisschen, aber ein bisschen besser ist bei echter Angst besser als nichts. Angst führt zu drei möglichen Reaktionsmustern. Das erste und für gewöhnlich auch meistgewählte ist die Flucht. In Angst versucht der Hund, sich so schnell wie möglich zu entfernen. Das kann er nicht langsam und überlegt tun, in diesem Fall wäre es maximal als „Rückzug" zu bezeichnen, sondern die Flucht geschieht kopflos und ohne nach links und rechts zu schauen.

Ist eine Flucht nicht möglich oder wird der Hund in der Flucht gestoppt und kann nicht weiterfliehen, folgt für gewöhnlich das Einfrieren des Körpers zur vollständigen Erstarrung. Diese Starre tritt in manchen Fällen auch direkt als erste Angstreaktion auf. Auch hier ist es sehr wichtig zu unterscheiden, ob der Hund bewusst still stehen bleibt, um nicht anzuecken und abzuwarten, oder ob sein Körper unwillkürlich einfriert, ohne dass er das beeinflussen kann.

Das reine Weggehen oder Ausweichen ist noch nicht gleich Angst, und auch das Stillstehen und Abwarten kann schlicht und einfach eine höfliche Demutsgeste sein, vor allem, wenn die Rute eingezogen und der Rücken gerundet wird.

ANGST IST IMMER UNKONTROLLIERT!

Angst ist immer unkontrolliert und eine körperliche Reaktion, die keine Kommunikation beinhaltet. Sie kommt über den Hund und lässt ihn handeln, ohne dass er Einfluss darauf hat. Auch wenn die Angstreaktion die Situation verschlechtert, kann er nicht aufhören, sie zu zeigen, obwohl er sich damit schadet. Angst hat keinen Zugriff mehr auf das bewusste Denken und Handeln und macht Kommunikation und Kontakt unmöglich. **Bevor also eine Technik gegen Angst angewendet wird, prüfe sehr kritisch, ob dein Hund wirklich Angst hat.** Selbst Hundetrainer*innen verwechseln regelmäßig Angst mit Demutsverhalten oder sogar mit Aggression.

AGGRESSION AUS ANGST

Die letzte verzweifelte Reaktion, die bei echter Angst auftreten kann, ist das Um-sich-Schlagen, die Kampfreaktion, um zu entkommen. Diese wird ausschließlich dann gezeigt, wenn der Hund in die Ecke gedrängt ist, nicht fliehen kann und auch sein Einfrieren zu nichts geführt hat oder vermeintlich zu nichts führen wird. Die Kampfreaktion aus Angst ist kopflos, macht keinen Halt, ist verzweifelt, panisch und nimmt keine Rücksicht auf das, was das Gegenüber kommuniziert. Hoch aufgerichtet imponieren, Strecke machen, um zu jemandem zu kommen, bei dem man sich dann aggressiv zeigt, oder vorher lange aggressiv zu kommunizieren, ist keine Angstaggression! Ein aggressiver, aber unsouveräner, unsicherer Hund, der im selbst heraufbeschworenen Konflikt plötzlich „ganz klein mit Hut" ist, ist kein Angstbeißer. Aggression aus Angst ist sehr selten und kommt für gewöhnlich in Situationen vor, in denen der Hund festgehalten wird und Schmerzen erwartet. Beim Tierarzt sieht man gelegentlich Hunde, die Aggression aus Angst zeigen. Zitternd, hechelnd, die Rute eingekniffen und mit aufgerissenen, herausquellenden Augen beißen sie kopflos um sich, als ginge es um ihr Leben, während sie schrill schreien und versuchen, sich zu befreien und zu entkommen. So sieht eine Kampfreaktion aus Angst aus. Die Tatsache, dass der Hund in Angst nicht mehr richtig kommunizieren kann und auch Kommunikation nicht mehr annimmt, macht eine basale Kommunikation über Körperkontakt so wertvoll, aber auch gefährlich, denn in Angst kann es zu einem Um-sich-Beißen kommen! **Also Achtung bei der Anwendung von Berührungen in solchen Situationen.** Sichere den Hund bitte unbedingt durch eine gute Grifftechnik, bei der du den Kopf zuverlässig festhalten kannst, oder indem du einen festen, richtig sitzenden Maulkorb (keine Nylonschlaufen!) verwendest. Eine fachkundige Beratung bekommst du im Maulkorbshop. Beißt dein Hund in einer Angstsituation nach dir, so ist das nicht ungezogen, er kann es nicht kontrollieren. Deswegen muss bei dieser Technik zwingend auf Sicherheit geachtet werden.

Am allerwichtigsten ist es aber, von einer Fachperson prüfen zu lassen, ob es sich bei dem Verhalten wirklich um Angst handelt. Insbesondere bei Leinenpöbelei oder Kämpfen unter Hunden handelt es sich in den allerseltensten Fällen um Angst, sondern um defensive Aggression. Auch Menschen werden nur sehr, sehr selten aus Angst gebissen, auch wenn die beißenden Hunde keine Helden sind. Zwischen defensiver Aggression und Panik liegen immer noch Welten und der richtige Umgang mit diesen beiden Zuständen ist sehr unterschiedlich.

Leichter zu erkennen ist Angst bei Gewitter oder Feuerwerk. Hier handelt es sich meist um eine Angstreaktion, wenn der Hund sich auffällig zeigt. Wobei es sogar Hunde gibt, die wutentbrannt hinausrennen und das Feuerwerk bepöbeln, was dann natürlich nichts mit Angst zu tun hat.

☞ RICHTIG EINSCHÄTZEN HILFT RICHTIG ZU HANDELN

Zur Sicherheit hier noch mal die wichtigsten Kriterien, um zu erkennen, ob dein Hund Angst hat:

— Der Hund will nur weg vom Reiz, niemals zum Reiz hin.
— Wird er aufgehalten, erstarrt er stehend zur Salzsäule oder versucht sich panisch rauszuwinden.
— Der Hund hat heraustretende Glubschaugen und einen flackernden Blick ins Leere.
— Der Hund ist extrem angespannt und fest im Körper.
— Der Hund hechelt stark.
— Der Hund zittert.
— Der Hund nimmt kein Futter, trinkt nicht und reagiert nicht auf Ansprache.
— Der Hund zieht die Rute ein und will unbedingt stehen oder laufen, auf keinen Fall liegen.

Einzelne Bestandteile dieser Beschreibung können auch zu anderen Verhaltensausdrücken gehören. Es reicht also nicht zu sehen, dass der Hund zittert. Dass kann er auch aus vielen anderen Gründen tun, die alle nichts mit Angst zu tun haben.

Sich-Verkriechen …

Nicht jede Angst muss bearbeitet und therapiert werden. Manchen Dingen kann man auch aus dem Weg gehen. Hat der Hund panische Angst, dann braucht es professionelle Hilfe. Echte Angst kann man nicht schönfüttern. Fressen ist keine Therapieform bei seelischen Erkrankungen!

… und Weglaufen sind Angstreaktionen. Der Angstauslöser wird immer im Blick behalten, das gibt Sicherheit.

HALTEN BEI ANGST

Sich gegenseitig in den Arm nehmen und Schutz vermitteln hilft, auch wenn man das, während man Angst, hat nicht rückmelden kann.

DER FELS IN DER BRANDUNG

Während der Hund noch in Angst ist, wird er sich gegen ein Halten auf jeden Fall wehren. Sein Körper will fliehen oder einfrieren und nichts fühlen. Bei dieser Technik braucht dein Hund also Zeit, um sich in deinen Händen zu beruhigen, durch deinen Griff langsam wieder ins Hier und Jetzt zu kommen und dann erst zu merken, dass es ein gutes Gefühl ist, gehalten zu werden.
Hier bist du der Fels in der Brandung und die Brandung hält nicht still. Dein Hund wird versuchen, sich aus deinem Griff zu befreien, vielleicht sogar versuchen zu beißen. **Schätze daher bitte sorgsam ein, ob diese Technik für euch beide leistbar und passend ist. Hole dir beim geringsten Zweifel Hilfe von einem Profi, der sich mit Haltetechniken und therapeutischen Maßnahmen gut auskennt. Bei allgemein ängstlichen Hunden benötigt es grundsätzlich ein persönliches Coaching vor Ort.** Wenn dein Hund nur in sehr spezifischen Situationen Angst hat, die selten vorkommen, dann kannst du diese Technik (Seite 172) ausprobieren. Hier würde sich die Angst beim Tierarzt oder auch die Angst zu Silvester oder bei Gewitter anbieten. Starte immer mit einem inszenierten, selbstgewählten Reiz in niedriger Intensität.

Die natürliche Reaktion bei Angst ist Flucht. Das Festhalten kann deinen Hund zunächst verunsichern, hilft ihm aber langfristig, die Situation anders zu bewerten.

DIE ZITRONENPRESSE

Diese Technik hilft, den Hund wieder in die Realität zurückzuholen und der sauren Angst den Saft abzudrücken. Der Mensch muss dabei einiges leisten.

Es ist wichtig zu wissen, dass du für diese Technik eine Entscheidung treffen musst. Bietest du sie im echten Leben an, dann kann es bedeuten, dass du mehrere Stunden mit dem Hund auf dem Boden sitzt. Solange es eine inszenierte Übungssituation ist, in der du Einfluss auf den angstauslösenden Reiz hast, ist das Ganze recht überschaubar. Plane aber genau, wenn du zum Beispiel an Silvester entscheidest, deinem Hund diese Hilfe zu geben. Es kann bedeuten, dass du um drei Uhr morgens noch auf den kalten Küchenfliesen sitzt, während deine Gäste feiern und du seit einer Stunde auf die Toilette musst. Diese Technik bricht man nicht einfach mal eben ab, weil es ungemütlich ist. Sie ist eine Notfallhilfe und hat damit Priorität vor allem anderen. **Das Halten bei Angst muss so lange durchgeführt werden, bis der Hund sich wieder einigermaßen gefasst hat und zur Ruhe gekommen ist.**

ÜBUNG GEPLANT DURCHFÜHREN

Gehst du geplant in so eine Übung, macht es das leichter. Suche die angstauslösende Situation auf und sichere deinen Hund vorher mit einem festen Halsband, bei dem er den Kopf nicht herausziehen kann. Sicherheitshalber kannst du die Leine zusätzlich an einem Geschirr befestigen. Leine, Halsband und Geschirr sind aber wie immer nur Notfallkonzepte, falls sich der Hund aus deinem Griff befreit.

Du kannst auf einem Stuhl sitzen und den Hund zwischen deine Beine klemmen. Nutze dabei einen Stuhl, durch den der Hund nicht nach hinten wegkriechen kann, also entweder einen Sessel oder du stellst eins deiner Beine so hin, dass es zwischen den Stuhlbeinen den Weg versperrt und du etwas schräg auf dem Stuhl sitzt. Die Leine kannst du auch als Sicherung irgendwo befestigen, dann hast du die Hände frei. Bei kleinen Hunden kann man sich auch hinknien, sodass die Knie auf dem Boden aufliegen und der Hund zwischen den Beinen geparkt werden kann.
Halte den Hund mit den Händen an der Brust und am unteren Hals. Oder lege eine der Hände flach auf seine Brust, die andere ans Halsband. Presse die Beine so zusammen, dass er dazwischen eingerahmt und gehalten ist. Greife so wenig wie möglich um, bleibe so fest und sicher wie möglich in einer Position und halte. Atme dabei fließend, auch wenn es anstrengend wird; finde immer wieder zu einer tiefen Atmung zurück und seufze gern tief, wenn dein Hund eine Pause macht und innehält. **Bleib hier ganz aktiv in einer hilfreichen Stimmung. Mitleidiges Mithineinrutschen in die Sorgen des Hundes ist für ihn eine Belastung, keine Hilfe, genauso wie Ungeduld.** Schaue mit weichem Blick ins Leere, etwas an deinem Hund vorbei, sodass du ihn mehr im peripheren Sichtfeld wahrnimmst und nicht starrst. Schließe die Augen, wenn es dir möglich ist, immer wieder. Du kannst auch ein Lied summen oder leise sprechen.

Du kannst auch ein Lied summen oder leise sprechen.

Sobald es die Chance gibt, lockere deinen Griff, lass die Hände aber immer am Hund! **Egal was passiert, lasse den Hund nicht los!** Wehrt er sich stark, dann halte ihn fest, drücke ihn mit ganzer Kraft an dich und lasse ihn auf keinen Fall in den Fluchtmodus kommen. Meistens ist die Gegenwehr in einem Auf und Ab. Ein wilder Ausbruch beruhigt sich auch wieder und wird zu einem Hinnehmen und Durchatmen. Dranbleiben ist das Wichtigste. Erinnere dich an die Übung vom Anfang des Buches, bei der du die Atemfrequenz deines Hundes gemessen hast (Seite 74). Genau mit dieser Technik kannst du jetzt immer wieder überprüfen, wann eine Besserung für den Hund eintritt. Ein Körper kann nicht unendlich lange im Panikmodus bleiben. **Über kurz oder lang wird sich dein Hund auf jeden Fall beruhigen; bleibe also dran und warte auf diesen Moment, bevor du die Übung abbrichst.**

Atme, lass deine Muskeln gezielt weicher werden, entspanne dein Gesicht und deinen Geist. Finde eine Einstellung, die hilfreich ist, wenn jemand Angst hat. Wenn es dir hilft, kannst du auch ganz leise, langsam und ruhig aussprechen, was du vermitteln möchtest. Du sprichst dabei mehr zu dir selbst als zu deinem Hund. **Ein immer wiederholtes Mantra mit einer positiv formulierten Einstellung hilft hier. Sprich in deinem Kopf leise oder ruhig und hörbar Sätze wie: „Sei mutig, du schaffst das! Ich bin für dich da! Alles wird gut gehen! Ich habe alles unter Kontrolle, vertrau mir! Du bist hier in Sicherheit!"**

Diese Sätze zu denken oder auszusprechen wirkt hauptsächlich auf dein eigenes Gehirn. Der Hund versteht die Bedeutung der Worte nicht, aber du änderst, ohne es bewusst zu steuern, deine Mimik, deine Atmung, deinen Griff, wenn du dir selbst positive Botschaften immer wieder ins Gehirn rufst. Da das Gehirn einfach gestrickt ist und Verneinungen nicht erkennt, bleibe immer bei einer positiven Ausdrucksweise. Das hilft deinem Hund und dir gegen den Stress.

004

Zur Audiodatei

Sicherer-Ort-Meditation während der Hund gehalten wird.

Anstatt also „Hab keine Angst!" zu sagen, sagst du: „Sei mutig!" Das Gehirn ist nämlich schon allein durch das Wort „Angst" beunruhigt und negativ eingestellt, weil wir wissen, was das Wort bedeutet, und sofort eine Verbindung zu einem Gefühl und damit auch zu einem Ausdruck in unserem Körper hergestellt wird. Deswegen ist es wirklich wichtig und macht einen großen Unterschied, ob du sagst: „Hier ist keine Gefahr!", oder: „Hier bist du in Sicherheit!" Wenn du die beiden Sätze mal hintereinander laut aussprichst, wirst du den Unterschied wahrscheinlich schon fühlen.
Was auch Veränderungen herbeiführen kann, ist dich selbst in das Gefühl großer Sicherheit zu bringen, indem du dich darauf konzentrierst, an einem für dich angenehmen und sicheren Ort zu sein. Es reicht, wenn das in deinem Kopf stattfindet. Schließe die Augen und beame dich aus der Küche auf der Silvesterfeier oder vom Sessel im Wohnzimmer an einen sonnigen Strand deiner Träume, in einen verwunschenen Wald oder was auch immer du mit einem angenehmen, guten Ort verbindest. Lasse deine Hände arbeiten und halten, während sich deine Gedanken am Strand in der Sonne räkeln und genießen. Dadurch machst du ein Angebot für eine Stimmungsübertragung, die der Hund zumindest annehmen könnte, wenn er möchte. Solange du in der für den Hund ängstigenden Situation mitleidest, gibt es keine Stimmungsalternative, an die er sich sonst anpassen könnte.

01

02

01 – 02
Der Hund sollte dem Menschen bei dieser Technik grundsätzlich vertrauen.

SCHRITT FÜR SCHRITT

1. Suche die angstauslösende Situation auf, wenn möglich mit geringer Intensität (bei Geräuschangst also ein leises Geräusch).
2. Hocke oder knie dich hinter deinen Hund.
3. Ziehe ihn an Brust und Schultern nah und leicht an dich heran.
4. Nutze die Grifftechnik des Lappens und gegebenenfalls das Blatt Papier (Seite 138).
5. Halte ihn so nah und fest wie möglich an deinen Körper gedrückt.
6. Wenn er fliehen will oder seine Angst steigt, drücke ihn fester an dich.
7. Wenn er sich beruhigt, lass den Griff lockerer werden.
8. Bewege dich ruhig und klar und vor allem entschlossen.
9. Schaue sanft über ihn/an ihm vorbei und mache dein Gesicht weich und entspannt, sodass er dich als Vorbild sehen kann.
10. Atme immer wieder tief und langsam durch und, falls möglich, schließe ruhig mal die Augen und denke an einen schönen, entspannenden Ort voller Sicherheit und Ruhe.
11. Vermeide alle Kommandos oder Ansprachen, die eine Erwartung an deinen Hund ausdrücken.
12. Bleibe mit deiner Stimmung und deinen Gedanken bewusst positiv und denke aufmunternde Leitsätze still in deinem Kopf.
13. Lass ihn auf gar keinen Fall los, wenn er versucht, sich rauszuwinden! Egal, ob du dafür sehr fest halten musst! Auch wenn du die Technik des Teigkneters (Seite 138) einsetzen musst, um den Hund zu halten, das Festhalten an Ort und Stelle hat oberste Priorität vor jeder Technik.
14. Solltest du feststellen, dass der Reiz doch zu hoch gewählt war, dann bleibe trotzdem in der Situation und lasse den Reiz (z. B. das Geräusch) langsam weniger werden oder warte, bis sich der Hund wieder etwas beruhigt hat.
15. Beende die Übung immer erst dann, wenn der Hund deutlich weniger Angst zeigt als am Anfang der Übung. Ist die Angstreaktion noch auf dem aufsteigenden Ast, dann muss durchgehalten werden, bis sie wieder abklingt.
16. Kannst du die Intensität des angstauslösenden Reizes nicht beeinflussen (z. B. weil es gewittert), dann bleibe so lange in der Technik, bis der Reiz weg ist und der Hund deutlich ruhiger als am Anfang.
17. Bleibt die Situation über mehrere Stunden und du kannst nicht darin verharren, dann wähle den Moment, in dem der Hund etwas weniger Angst zeigt, zum Abbrechen und nicht den Moment, in dem er gerade maximale Panik zeigt.
18. Panik kann nicht über längere Zeit aufrechterhalten werden. Nach ca. 30 Minuten wird es auch bei extremer Panik immer etwas besser. Verlasse dich darauf, dass die Situation sich ändert.
19. Bleibt dein Hund bei dir sitzen, dann streiche ganz langsam mit der flachen Hand in der Haltung des Lappens von oben nach unten die Brust des Hundes ab. Drücke dabei fest auf.

FÜR WEN DIESE ÜBUNG BESONDERS GEEIGNET IST

Hunde, die in speziellen Situationen ängstlich oder unsicher sind, können hier Kraft tanken, ohne sich der Situation zu entziehen. Wer Angst hat, will weg. Das ist die natürliche Reaktion. Das hilft zwar in dem Moment, weil der angstauslösende Reiz endlich weg ist und damit Erleichterung geschaffen wird, lässt aber keine Umbewertung der Situation zu. Das Problem an der Flucht ist also, dass sich die Erwartung damit immer wieder bestätigen und nie etwas Neues entstehen kann.

ZU MUT MUSS MAN MANCHMAL GEDRÄNGT WERDEN

Mut ist, zu bleiben, obwohl man Angst hat, und nicht, keine Angst zu haben. Und zu Mut muss man manchmal gedrängt werden, damit sich etwas ändern kann und das Gehirn eine Situation neu bewerten kann. Denk daran, dass eine einzige Erfahrung dafür nicht ausreichend ist. Wenn der Hund hundertmal Angst in einer Menschengruppe hatte und geflohen ist, dann muss er auch hundert und ein Mal in der gleichen Situation zum Dableiben gezwungen sein und die Chance bekommen, sich anzulehnen und sich wieder zu beruhigen, ohne zu fliehen. Erst dann kann eine Veränderung überhaupt beginnen. Bleib also dran und hab Geduld.

BEREITS IM WELPENALTER ÜBEN

Die Grifftechnik gegen Angst sollte unbedingt bereits mit dem Welpen geübt werden, wenn man die Chance dazu hat. Er kann regelmäßig so gehalten werden, sobald er sich übermäßig aufregt. Auch wenn er unbedingt irgendwohin möchte, in der Welpengruppe übertrieben hat und mal eine kleine Denkpause braucht oder wenn er einen Wutanfall bekommt, weil er nicht gebürstet werden möchte. So kann er lernen, dass Statik und liebevoller Druck am Körper ihn zurück in diese Welt und Gegenwart bringen, dass Halten zu Ruhe führt und selbst Festhalten mit der richtigen Einstellung dahinter hilfreicher Zwang ist. Der Mensch schult sich im Festhalten, ohne nachzugreifen oder hektisch zu grabschen. Er lernt im kleinen Rahmen, eine Stütze zu sein und sich nicht mit in das Leid des Hundes herunterziehen zu lassen, sondern als Vorbild zu fungieren.

Lernt der Welpe bereits diese Hilfestellung, sucht er die Position später bei Angst selbstständig auf.

GEDULD, RUHE UND KONSEQUENZ

Angst und Unsicherheit sind starke Gegner, und die größte Herausforderung als Hilfsperson ist es, selbst in Ruhe und Konsequenz zu bleiben. Wenn du deinem Hund helfen willst, dann suche die ängstigenden Situationen bewusst immer wieder auf und bleibe dort. Halte ihn und erwarte absolut nichts von ihm. Gib dem Hund Zeit, wirklich ein bisschen Besserung zu erfahren. Danach verlasst ihr die Situation wieder und steigert die Intensität nicht, bis es richtig gut ist. Erst dann geht es weiter. Das kann auch bedeuten, dass ihr ein und dieselbe Situation dreißig, vierzig oder fünfzig Mal an verschiedenen Tagen aufsucht und da einfach nur zusammen sitzt und wartet. Geduld ist die größte Tugend, die ängstlichen Hunden hilft.

SICH DER ANGST STELLEN

Mit dem Hund an Angst zu arbeiten, ist kein Spaß und keine Freude, und egal, wie sehr wir es uns wünschen, es wird auch nicht nach Spaß und Glück aussehen. Von sich aus wird sich ein ängstlicher Hund niemals in die angstauslösende Situation begeben. Angst fühlt sich scheußlich an. Das Einzige, was gegen Angst hilft, ist, sich ihr zu stellen und immer wieder zu erleben, dass nichts passiert.

Die Position wird dann genutzt, um sich zu schützen. Hier möchte Schnipsel meine Hilfe.

HILF MIR!

Wenn der andere in echter Not ist, dann gehört es in einer Beziehung dazu, sich zu helfen, aus der Misere herauszukommen.

SCHUTZ BIETEN VON ANFANG AN

In der Welpengruppe oder bei Begegnungen zwischen anderen Hunden und dem eigenen Welpen ist es ein guter Moment, um zu beginnen, sich als Schutz anzubieten. Dafür hockt man sich hin und nimmt den eigenen Hund zwischen die Beine oder seitlich neben sich, wenn er angelaufen kommt, weil er bedrängt wird. Dort legt man eine Hand auf ihn. Erstens, um ihm Wärme und Ruhe zu vermitteln, aber auch, um ihn im Zweifelsfall festhalten zu können. Festhalten, damit er lernt, dass Weglaufen immer eine schlechte Entscheidung ist, denn Weglaufen stachelt andere nur an, hinterherzulaufen. Genau wie bei kleinen Kindern gilt es also zu lernen: Laufe nicht vor Hunden weg, wenn du in Gefahr bist! Die erzwungene Statik des eigenen Hundes löst aber noch mehr aus. Der Hund bekommt Zeit zu denken, Strategien zu entwickeln, genau hinzusehen und in Ruhe zu überlegen, bevor er kopflos handelt – das alles in direkter Verbindung und mit Unterstützung seines Menschen. Und der letzte und wichtige Punkt ist, dass er ebenfalls lernt, nicht aus der Deckung hervorzuschießen und selbst wieder anzugreifen oder zu kläffen. Das ist nämlich grundsätzlich in dieser Position verboten. Das zu üben ist eine wirkungsvolle Prävention gegen späteres Leinenpöbeln. Sobald der eigene Hund aus dem Schutz heraus losstürmt, auch wenn es nur spielerisch ist, steht der Mensch sofort auf und überlässt den Hund der folgenden Konsequenz. Kläfft der Hund aus dem Windschatten des Menschen den anderen Hund an, schiebt man ihn kommentarlos aus der Deckung von sich weg und steht auf. Schutz gibt es zuverlässig für denjenigen, der Schutz

braucht. Wird dieser Schutz aber missbraucht, um aus einer komfortablen Position heraus zu stänkern, dann fällt er sofort weg.
Der kleine Hund lernt so, Konsequenzen für sein Handeln zu tragen und zu wissen, dass sich sein Mensch nicht als menschlicher Schutzschild für selbst angezettelte Streite benutzen lässt. Während man den eigenen Hund hält, bis er wieder gehen möchte, hält die andere Hand den aufdringlichen Hund ab. Dabei fasst sie gegen die Brust oder die Schulter des Hundes und schiebt ihn weg (siehe Foto Seite 180). Hierfür kann einfach die flache Hand verwendet werden. Blick und Körperausrichtung gehen dabei in die Richtung des Hundes, der ferngehalten werden soll. Denk an die stoppende Körpersprache, die weiter hinten im Buch (ab Seite 202) noch ein Thema wird.
Natürlich kann diese Hilfe auch unsicheren, erwachsenen Hunden zuteilwerden. Immer wenn der Hund Schutz möchte und ihn aufsucht, dann soll er ihn auch bekommen. Genauso wie wir wieder loslassen müssen, wenn er es noch mal allein versuchen will. Die Kunst ist also, da zu sein, ohne sich helikopterartig aufzudrängen.
Hat der Hund schon als Welpe gelernt, dass er bei seinem Menschen andocken kann, wenn er möchte, sich da aber auch gut benehmen muss, dann ist das eine echte Investition für das Verhalten in der Zukunft. Genauso lernt der Hund, wenn er selbst der aufdringliche Part ist, dass auch andere Menschen sich einbringen und wahrgenommen werden müssen. Möchte der Hund seine Probleme selbst klären, dann muss man es ihm genauso zugestehen wie seine Suche nach Hilfe. Der Hund entscheidet, was er bewältigen kann und wo er Schutz braucht.

Schnipsel wird sexuell bedrängt und flieht.

Zu drohen traut sie sich nicht und setzt sich nicht durch.

01

01 Bei mir angekommen nehme ich Schnipsel in Empfang.

02 Sie zeigt eindeutig: „Hilf mir!“, als der andere Hund folgt.

02

Wer glaubt, dass Welpen lernen müssten, sich gegen alles und jeden durchzusetzen, indem man sie der Bedrängung ausliefert, der irrt gewaltig. Auch Hundeeltern schützen ihre Welpen mit aggressivem Verhalten und vehement gegenüber Fremden. **Dieser Schutz sollte also altersangemessen in der Welpenzeit oft und dann immer seltener durch ein Hinhocken angeboten werden.** Ist der Hund in der Pubertät, sollte er spätestens dann selbstständig angelaufen kommen, um aktiv nach Schutz zu fragen. **Verwehren sollte man ihn allerdings nie, auch nicht, wenn der Hund erwachsen ist!** Kennt der Hund diese Option überhaupt nicht, dann kann er die ersten Male an der Leine an den hockenden Menschen herangezogen und dann mit den Händen zwischen die Beine geschoben werden. Da kann er ein paarmal erleben, was diese Position für ihn bringt, und später selbstdarauf zurückgreifen. Für manche Welpen muss man anfangs auch diese Technik wählen, da sie sonst nicht daraufkommen, beim Menschen in der Sicherheitszone einzuparken.

SCHRITT FÜR SCHRITT

1. Hocke dich so hin, dass dein Hund zwischen deinen Beinen einparken und Schutz finden kann.
2. Ist dein Hund an der Leine, dann hol ihn damit zu dir in diese Zone, wenn er bedrängt wird, und halte dann den anderen Hund auf Abstand.
3. Kennt dein Hund das Konzept oder läuft ohne Leine, dann hocke dich nur noch hin und warte, ob dein Hund den Schutz annehmen möchte.
4. Wende dich mit Schultern, Oberkörper und Blick dem fremden Hund zu.

Ich halte Schnipsel in der Statik und den anderen Hund halte ich ab.

01

5. Halte deinen Hund mit der Technik das Blatt Papier (Seite 138) fest und schaue nicht zu ihm.
6. Drücke den anderen Hund mit der freien Hand weg oder halte ihn am Halsband am langen Arm auf Abstand.
7. Will dein Hund wieder zum anderen hin, dann lass ihn gehen.
8. Bellt, knurrt oder attackiert dein Hund aus deinem Windschatten, dann schiebe ihn weg von dir und stelle dich wieder hin.
9. Wenn möglich, lass deinen Hund mehrmals ausprobieren, ob er Schutz will oder sich selbst durchsetzen kann, bevor du weggehst oder den anderen Menschen aufforderst, den Hund wegzunehmen.
10. Entscheide situativ, ob dein Hund hier etwas Sinnvolles lernen kann oder ob ihr den Kontakt zu diesem speziellen Hund meiden solltet.

Körpersprachlich abstoppend, zu ihm gerichtet und aufrecht.

02

03

04

WUSSTEST DU …

Hündinnen lernen sich gegen aufdringliche Rüden zur Wehr zu setzen, wenn sie in Situationen kommen, in denen sie auch wirklich etwas bewirken können. Werden sie dagegen nur in Situationen gebracht, in denen sie haushoch unterlegen sind, dann schwächt das ihr Gefühl der Selbstwirksamkeit nur.

05

06

01
Kaum losgestartet, wird sie wieder verfolgt …

02 – 03
… dreht sich nun aber mutig um, um sich selbst zu helfen.

04 – 05
Schnipsel kann die Erfahrung übertragen und wehrt sich auch dieses Mal.

06
Mut erwächst aus der Sicherheit, Hilfe zu bekommen, wenn man sie braucht.

DEN ANDEREN VOR DUMMHEITEN BEWAHREN

— *Verbindlichkeit und Zuverlässigkeit*

GANZ FEST LOCKER BLEIBEN

Manchmal müssen wir in einer Beziehung dazwischen gehen und den anderen davon abhalten, sich daneben zu benehmen.

Gleichzeitig einen zappelnden Hund festhalten und dabei entspannt bleiben, ist wie Ballett tanzen und muss geübt werden. Halten, atmen, entspannen und anspannen.

TROCKENÜBUNG

Bevor wir zur Fahrstuhltechnik kommen (Seite 188), gibt es noch eine kleine Übung vorweg. Für die darfst du dich noch einmal intensiv mit der eigenen Körperlichkeit auseinandersetzen. Denn spätestens im Konflikt wird es umso wichtiger, achtsam und maßvoll mit der eigenen Präsenz umzugehen. Wie geübt bist du im Ansteuern deiner Muskulatur, dem bewussten Wechsel aus Spannung und Entspannung? Auf den Zehenspitzen stehen und tanzen, den ganzen Unterkörper fest wie ein Brett, aber weiche, entspannte Gesichtszüge? Wer möchte schon sehen, wie anstrengend ein Balletttanz ist? Genau der Schein, leicht zu sein wie eine Feder, macht den Reiz aus. In Wirklichkeit möchten wahrscheinlich alle eher laut ächzen, konzentriert die Zunge seitlich aus dem Mund strecken und mit aufgerissenen Augen ins Leere starren, während sie üben, auf den Zehenspitzen zu stehen, ohne umzufallen. Für diesen Anblick würde aber niemand teure Karten kaufen, um sich Schwanensee mit verzerrten Gesichtern und lautem Ächzen anzusehen.

Genau wie die Tänzer*innen lernst auch du durch Übung, die Hände festzuhalten, die Arme anzuspannen, sicher zu stehen und trotzdem dein Gesicht weich, deine Atmung tief und deinen Blick sanft zu lassen, denn kein Hund möchte in eine verkniffene, starrende Maske schauen, während er gerade mit seinen Gefühlen kämpft. Damit das immer besser wird, bietet sich eine Trockenübung an.

Halte dafür ein Handtuch in beiden Händen und drücke es mit den Fingern fest zusammen. Du kannst im nächsten Schritt auch jemanden an dem Handtuch ziehen lassen, während du es hältst. Versuche nun, gleichzeitig das Handtuch auseinanderzuziehen und dabei dein Gesicht ganz entspannt zu lassen. Wenn das Gesicht wirklich entspannt ist, sieht man ein bisschen traurig aus. Die Zähne sind nicht aufeinandergedrückt, die Lippen weich oder sogar leicht geöffnet, die Stirn ist glatt und die Augenbrauen sinken nach unten. Dein Blick schweift ruhig ins Leere und wandert langsam umher, ohne etwas wirklich zu fokussieren. Stell deine Pupillen auf Weitwinkel und schau auf eine große Fläche, sodass alles ein bisschen verschwimmt und unklar ist und kein Punkt richtig fokussiert wird.

Es ist, als würde sich dein Blick nach innen richten und das Außen nur als diffusen Schatten wahrnehmen. Atme bewusst lange und tief aus.

Stark im Körper und sanft im Geist. Niemand lässt sich gern reglementierend von jemandem anfassen, der seinen Emotionen ausgeliefert ist. Auch Hunde machen da einen Unterschied in der Akzeptanz von Berührungen.

SCHRITT FÜR SCHRITT

1. Nimm ein Handtuch und stelle am besten eine Kamera auf, zum Beispiel dein Handy.
2. Stelle dich gerade hin, deine Füße zeigen nach vorn, und bleibe genau so ruhig stehen.
3. Ziehe das Handtuch vor dir auseinander, entspanne gleichzeitig dein Gesicht und atme gleichmäßig.
4. Werte deine Filmaufnahme aus und kontrolliere, ob du wirklich nur deine Arme bewegt hast und wie still du deine Füße stehenlassen konntest.

HALT MICH ZURÜCK!

Ein bisschen Anstand und Benehmen darf man in einer Partnerschaft schon erwarten, wenn man zusammen das Haus verlässt. Immerhin wird man zusammen gesehen.

Den Oberkörper aufrecht zu lassen ist oft am schwersten in den Techniken.

Der Fahrstuhl ist eine Technik, in der dem Hund seine eigene Aufregung körperlich gespiegelt wird. Gerade Hunde, die emotional und ohne viel nachzudenken in ein wildes Toben verfallen, sich selbst und ihre Umwelt kaum mehr wahrnehmen und gefangen in ihren Emotionen sind, hilft das sehr. Denn es holt sie im wahrsten Sinn des Wortes zurück in die Realität, zurück in ihren Körper und raus aus dem Kopfkino. Sollte dein Hund Ambitionen haben, sich in seiner Wut oder seinem Frust über einen anderen Hund umzudrehen und sich gegen dich zu richten, dann muss diese Technik dringend mit der Zuhilfenahme eines Maulkorbs geübt werden, damit du dich frei bewegen und selbstbewusst verhalten kannst, ohne ständig Angst um deine Gesundheit haben zu müssen. In Angst reagiert es sich einfach schlechter, und die Ruhe, die du ausstrahlen möchtest, könnte dadurch negativ beeinflusst werden.

DER MAULKORB ALS HILFSMITTEL

Ein Maulkorb ist übrigens ein völlig normales Hilfsmittel wie jedes Halsband, Geschirr oder die Leine, das Hunde davon abhält, zu tun, was sie gern wollen, und damit Gefahren minimiert – nicht mehr und nicht weniger. Sämtliche Verteufelung dieses Hilfsmittels ist eine rein emotionale und unsachliche Bewertung ohne logische Grundlage. Dem Hund ist es egal, ob er nicht hinlaufen darf, wo er hinmöchte, weil er durch eine Leine oder einen Gartenzaun aufgehalten wird oder ob er nicht reinbeißen kann, wo er reinbeißen möchte, weil er einen Maulkorb trägt. Verhält sich der Mensch beim Eintrainieren des Korbes nicht so, als wäre dieses „Kleidungsstück" plötzlich ganz anders zu bewerten, dann ist der Hund schnell daran gewöhnt.

MAULKORBGEWÖHNUNG VON KLEIN AUF

Zur eigenen Absicherung für die Zukunft sollte jeder mit seinem Welpen üben, einen Maulkorb zu tragen, damit es im Ernstfall später mal funktioniert. Selbst wenn man nie Bus oder Bahn fahren möchte, in denen ein Maulkorb oft verpflichtend für alle Hunde ist, dann wird der Hund im Laufe seines Lebens ziemlich sicher irgendwann mal in der Tierklinik operiert oder für einige

Zeit dort behalten werden müssen. Da wird er dann auf jeden Fall einen Maulkorb angezogen bekommen, und es ist schlichtweg gemein, ihn ausgerechnet in dieser Ausnahmesituation das erste Mal im Leben damit zu konfrontieren.

WENN DER HUND WÜTEND WIRD

Die Gewöhnung an einen gut sitzenden Maulkorb, der eine freie Atmung zulässt, sollte aber bei dieser kommenden Technik als Vorbereitung dazugehören, zumindest für alle Hunde, die eventuell zur körperlichen Übergriffigkeit neigen könnten. Denn hier greifen wir in einer Situation ein, in der Wut im Spiel ist. Und Wut auf einen anderen Hund oder die frustrierende Situation, angeleint zu sein, während der andere Hund frei läuft, schlägt schnell auf den nächsten um, der sich in die Kommunikation mit einbringt. Auch wenn dein Hund nicht nach dir beißt, dann ist es gut, im Hinterkopf zu behalten, dass er jetzt wirklich mit sich und seinen Gefühlen kämpfen muss, ähnlich wie bei der Haltetechnik bei Angst. Es ist also nicht verwunderlich, wenn er deine Hilfe nicht gleich dankbar annimmt und direkt erfreut ist, sondern ganz im Gegenteil auch noch wütend auf dich wird. Mischst du dich in diese für ihn wichtige Angelegenheit ein, dann wird er sich dagegen sträuben, versuchen, sich herauszuwinden und mit Vehemenz darauf bestehen, weiter zu toben. Du wirst nicht nur körperliche Kraft, sondern eine Extraportion Ruhe und zugewandte Stimmung brauchen, um dich nicht persönlich angegriffen zu fühlen und um deinen Griff fest zu halten.

Wichtig für die Anwendung der Fahrstuhltechnik ist es, anzufangen, bevor der Hund völlig in Rage ist. Stelle also Übungssituationen bewusst her, sodass du gezielt und rechtzeitig reagieren kannst, und probiere nicht einfach mal spontan aus, wenn der Hund bereits seit mehreren Sekunden in der Leine tobt! Nutze im Zweifel auch hier das Erfühlen der Atmung deines Hundes, um rechtzeitig den Moment zu finden, in dem du spätestens eingreifen solltest.

Eine Maulkorbgewöhnung sollte Standardprogramm für jeden Welpen sein.

01

02

03

DER FAHRSTUHL

MIT EINER HILFSPERSON ANFANGEN

Stelle dich sicher und fest hin, genauso wie bei der Parkposition. Lass einen anderen, instruierten Menschen mit Hund (an der Leine!) im Sichtfeld auftauchen. Er soll sich sehr langsam annähern und sofort stehen bleiben, wenn du deinen Hund greifen musst. Sobald dein Hund auch nur die kleinste Reaktion zeigt, gleich losbellen zu wollen, greifst du zu. Auch das Anstarren und Fixieren reicht natürlich aus, um deine Reaktion hervorzurufen. Bellt dein Hund zuverlässig jeden anderen Hund an, dann beginne sofort mit der Technik, wenn er den anderen Hund auch nur wahrnimmt.
Beginne mit dem Zug nach oben, bis dein Hund aktiv vom anderen Hund wegschaut. Greife lieber viel zu früh als ein bisschen zu spät ein. Fasse dafür kontrolliert ganz tief in den Muskelmantel. (Das tut deinem Hund nicht weh, siehe hierzu ab Seite 54) Greife mit Technik des Teigkneters (Seite 138) wie bei der Parkposition (ab Seite 149), allerdings dieses Mal mit beiden Händen, vorn in die Halsseite, ganz weit oben, sodass du fast schon ins Gesicht des Hundes fasst. Agiere ruhig und entschlossen und nimm wirklich die ganze Hand voll Hund, so viel es geht, sonst tust du ihm weh und ziehst an seinen Haaren. Erhöhe den Druck deines Griffes mit steigender Aufmerksamkeit deines Hundes auf den anderen Hund. Dafür ist es egal, ob er den anderen Hund anbellt, weil er frustriert ist, oder ob er sich aggressiv dem anderen Hund gegenüber zeigt. Sobald dein Hund ein winziges Starren, Grollen, Fiepen der Aufregung oder anderweitig sichtbare Anzeichen zeigt, dass er in das unerwünschte Verhalten fallen könnte, hebst du ihn langsam und beständig nach oben, bis er merkbar daran gestört ist und sich nicht mehr auf den anderen Hund, sondern auf dich konzentriert. Atme einmal tief ein und aus und lasse deinen Hund an der Position kleben.
Dann lässt du den Fahrstuhl ganz langsam wieder runterfahren und lockerst den Griff, behältst deine Hände aber an der Stelle liegen, an der du greifen würdest. Selbstverständlich lobst du deinen Hund nicht, wenn er aufhört zu grummeln oder zu bellen, denn so würde er lernen, dass das Aufhören erwünscht ist, nicht dass das Anfangen unerwünscht ist! **Du bleibst während der gesamten Übung still und lobst weder mit deiner Stimme noch schimpfst du.** Jede Aufregung und Steigerung der Anspannung, jedes Fixieren des anderen Hundes, jedes Geräusch deines Hundes löst eine

04

05

06

01 Im Moment der Unterbrechung zum Hund hin lehnen.

02 Der Zug geht nach oben und nah an den Körper.

03 Körpersprachlich einladend und gleichzeitig einfordernd mit den Händen.

04 Weit vorn am Gesicht anfassen.

05 Das Halsband wird maximal mit zwei Fingern mitgenommen.

06 Nicht am Halsband, sondern am Muskel nach oben ziehen!

Fahrstuhlfahrt nach oben aus, die erst dann endet, wenn dein Hund die Konzentration auf den anderen Hund vollkommen fallen lässt. Dann geht es langsam wieder runter, und unten angekommen, öffnet sich dein Griff.
Manchmal kann es passieren, dass die Vorderpfoten des Hundes den Boden verlassen und er richtig im Griff hängt, bis er etwas mitbekommt. Es kann auch sein, dass er jaulende oder quengelnde Geräusche macht, weil er die Situation unangenehm findet. Immerhin will er gerade etwas ganz anderes tun. Vielleicht windet er sich oder lässt sich plumpsen. Das kann körperlich herausfordernd sein. Behalte deine Arme eng an deinem Körper und halte deinen Bauch und deine Brust fest angespannt, um daraus Kraft zu ziehen. Weitere Aufregung, Zappeln oder Gegenwehr wird mit einer weiteren Etage nach oben beantwortet und gehalten. Geht es nicht weiter nach oben, dann verweilst du dort; ähnlich wie beim Halten, wenn der Hund anspringt, nur dass der Hund nun seitlich neben dir und nicht vor dir steht.
Wenn du deinen Hund wieder nach unten gefahren hast und er wieder steht, lasse die Hände in der Technik „Blatt Papier“ (Seite 138) auf ihm liegen, um schnell wieder zugreifen zu können. Atme lang und aus und entspann dich.

Damit dein Hund die Chance, hat zur Ruhe zu kommen und zu verstehen, ist es immens wichtig, die Ablenkung zum Üben selbst zu gestalten. Deswegen soll der von dir vorbereitetete Mensch mit seinem Hund stehen bleiben, wenn er sieht, dass du deinen Hund im Fahrstuhl nach oben fahren musst. Beobachtet er, dass du bis zur obersten Etage hochziehen und lange dort halten musst, dann soll er selbstständig wieder ein paar Schritte mehr Abstand zu dir und deinem Hund einnehmen.

Wichtig! Übe das bitte nicht auf einer Hundewiese oder irgendwo, wo plötzlich unangeleinte Hunde zu dir und deinem Hund kommen oder die Situation für dich plötzlich unüberschaubar wird und die Ablenkungen sich unkontrolliert steigern. Deine Hilfsperson ist mit dafür verantwortlich, dass du deinen Hund immer wieder in Ruhe bringen kannst und der Abstand nur ganz langsam kleiner wird. Die normale Reaktion ist übrigens, dass dein Hund im ersten Schritt den Blick vom anderen Hund aktiv abwenden und das Ansehen vermeiden wird. Das ist gut und erleichtert es ihm. Wenn du etwas mithelfen möchtest, dann kannst du beim Hochziehen auch leicht den Kopf deines Hundes mit den Handgelenken vom Geschehen wegdrehen. Der Fahrstuhl geht also nur dann nicht mehr nach oben, wenn dein Hund den Blickkontakt zum anderen Hund aktiv vermeidet. Lasse ihn aber nicht aus der gesamten Situation raus, falls er weggehen möchte, sondern nimm ihn in die Parkposition nah an dich heran.

Bleibe mehrere Tage dabei, dass dein Hund den Blickkontakt sofort beenden soll, wenn ein anderer Hund auftaucht. Erst wenn das zuverlässig funktioniert und er trotzdem ruhig bei dir sitzen oder stehen kann, kannst du versuchen, einen kurzen, entspannten Blick zum anderen Hund zuzulassen, wenn dein Hund ihn ausprobieren möchte. Bleibe hier sehr konsequent und übe lieber ein paar Tage länger das Weggucken, bevor du deinen Hund überforderst. Das Wieder-hingucken-Lassen muss sehr vorsichtig und Schritt für Schritt zugelassen werden, ansonsten fällt der Hund schnell wieder ins alte Muster zurück.

Dein Hund muss nicht jeden fremden Hund mögen, der an euch vorbei zieht! Wenn er es schafft, seinen guten Willen zu zeigen, situativ wegzusehen, um nicht bellen zu müssen, dann ist das ein großer Beweis für seinen Willen, sich anzupassen. Belaste ihn also nicht zu sehr mit einer rosaroten Wunschvorstellung, dass er nun auch noch fröhlich und glücklich hinnehmen soll, dass da ein anderer Hund durch sein Territorium stromert oder in Imponierhaltung provoziert. Erkenne dafür lieber an, dass er sich so viel abverlangt, nur für dich etwas zu lassen, was aus Hundesicht vollkommen normal ist. Unser Anspruch, den Hund immer ohne negative Gedanken und ausschließlich glücklich durch die Welt schweben sehen zu wollen, bringt sie als soziale Lebewesen mit allen dazugehörigen Gefühlen unter massiven Leistungsdruck. Und das nur, damit wir uns besser fühlen. Wir, die eigentlich genau wissen sollten, dass man nicht immer zufrieden sein kann und dass es manchmal reichen muss, dass wir uns des lieben Friedens willen zusammennehmen und höflich bleiben.

WENN ES ZU SCHWIERIG IST

Wenn diese Technik im Konflikt mit einem anderen Hund für euch zu schwierig zum ersten Üben ist, dann suche andere Reize. Du kannst dafür einen Stellvertreterkonflikt erschaffen, wie ein lockendes Futter auf dem Boden oder einen Menschen, zu dem dein Hund unbedingt hinwill, und daran üben. Egal, was dein Hund möchte, die Technik kannst du mit allen diesen Ablenkungen üben und du solltest es dir und deinem Hund dabei erst mal so leicht wie möglich machen. Fange mit einer leichten Ablenkung an und gehe erst weiter, wenn es

Wenn man wirklich nicht mehr korrigieren muss, darf sanft gestreichelt werden.

perfekt sitzt und du und dein Hund genau wisst, wie ihr mit dieser Technik umgehen könnt. **Wichtig ist aber, egal woran du übst: Bitte lass deinen Hund nicht zur Belohnung am Ende das erreichen, was er von Anfang an wollte!** Übst du also an einem Menschen oder Hund oder einem Futter, zu dem er unbedingt hinwollte, dann lass ihn am Ende der Übung niemals doch das Futter fressen, sondern räume es weg. Lass ihn ein anderes Mal den Menschen begrüßen oder mit dem anderen Hund spielen. Gerade während der Übungsphase machst du es deinem Hund leichter, wenn du nicht zusätzlich seine Erwartungshaltung schürst. Wenn es irgendwann so klappt, dass dein Hund ruhig bleibt, ohne dass du eingreifen musst, dann kannst du ihn auch wieder diese Dinge tun lassen, wenn es angebracht ist. **Er lernt über die Erfahrung und das Hochheben und Absenken bereits Unterbrechung, Bestätigung und alle Schritte dazwischen.** Zusätzliche Informationen werden den Hund eher im Lernen behindern als ihm zu helfen.

DAS ENDE DER ÜBUNG

Zum Ende der Übung bleibst du noch ein bisschen ruhig stehen und genießt zusammen mit deinem Hund, dass nichts passiert. Schaut er dich an und ist entspannt, kannst du freundlich zu ihm hinunterschauen oder beiläufig und ganz langsam über seinen Kopf streichen, um euer Zusammengehörigkeitsgefühl zu festigen. Bleibe dabei noch konzentriert und ruhig und löse die Übung dann mit einer leisen und freundlichen Ansprache und dem Weitergehen auf. Im Normalfall und bei richtiger Anwendung kann man in einer Stunde in langsamer Annäherung mindestens die Hälfte des normalerweise bestehenden Mindestabstands zum anderen Hund überwinden. Gehe nach der Übung direkt nach Hause, sodass dein Hund keine anderen Erfahrungen mehr an dem Tag macht, die das Ergebnis verwässern.

SICHERHEIT BEI DER TECHNIK

Sobald du sicher im Umgang mit der Technik bist, kannst du sie jederzeit anwenden, wenn ein anderer Hund auftaucht. Bist du allerdings sehr unsicher während der Technik oder erzielst keinerlei Wirkung, dann hol dir bitte professionelle Hilfe zum direkten Coachen vor Ort.

WENN EIN UNANGELEINTER HUND AUF EUCH ZUKOMMT

Sollte der fremde Hund unangeleint zu euch gelaufen kommen, beendest du die Technik sofort, lässt die Leine etwas länger und hältst den ausgestreckten Arm mit der Leine in der Hand etwas nach oben, damit du Abstand zu den Hunden bekommen kannst, dein Hund sich frei bewegen und wehren kann, falls es zum Konflikt kommt, und du die Leine aus dem Geschehen bringst.

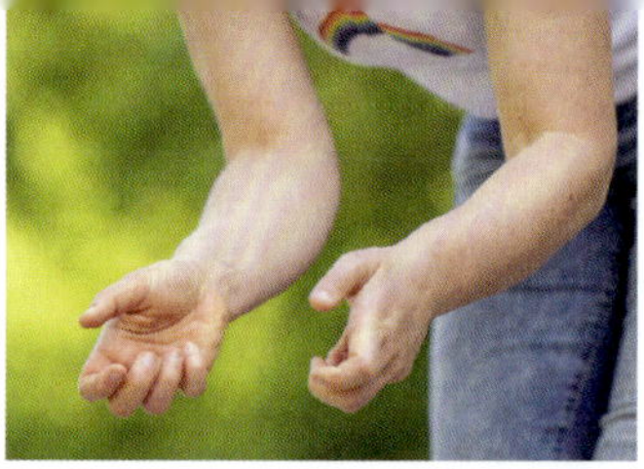

02

01

03

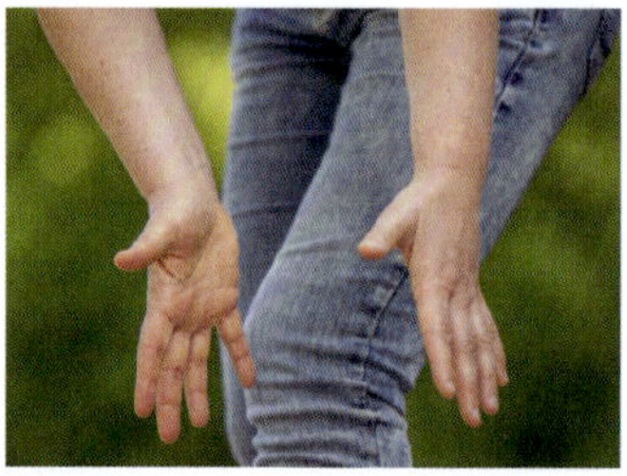

04

01
Schau an dem Hund vorbei konzentriert ins Leere.

02
Nutze deine Hände kraftvoll und ruhig.

03
Hole den Hund nah an dich heran.

04
Lasse die Hände geöffnet am Hals liegen, bis der Hund wieder ruhig ist.

SCHRITT FÜR SCHRITT

1. Schaffe eine Übungssituation mit einer moderaten Ablenkung, die sich langsam steigert.
2. Stelle deinen Hund neben dich, nah an dich ran und beobachte ihn genau.
3. Halte deine Füße und deinen Körper immer nach vorn gerichtet und lehne dich nicht über den Hund, sondern ziehe ihn seitlich an dir hoch.
4. Lege deine Hände flach an seinen Hals, ziemlich weit oben in Richtung seines Kopfes.
5. Sobald dein Hund die Aufmerksamkeit auf das Objekt der Aufregung (anderer Hund, Fahrrad, Auto, Futter, Mensch o. Ä.) lenkt und direkt hinstarrt, greifen deine Hände fest zu.
6. Nutze die Grifftechnik „der Teigkneter", und wenn der Hund wieder ruhig und unten auf dem Fußboden ist, „das Blatt Papier".

05

7. Bleibt der Fokus des Hundes bei der Ablenkung oder erhöht sich seine Aufregung und Reaktion noch, geht der Fahrstuhl stufenlos und langsam nach oben und hält dort an, wenn der Hund seine Reaktion wieder merkbar verringert.
8. Sobald der Hund dann ruhig wird, die Ablenkung aus dem Fokus lässt oder eine Reaktion des Demutsverhaltens dir gegenüber zeigt, geht der Fahrstuhl langsam wieder runter.

9. Regt sich der Hund dann wieder auf, geht es sofort wieder hoch.
10. Lass die Hände immer am Hals des Hundes liegen und verändere nur die Griffintensität.
11. Steht der Hund unten, bleiben die Hände auf Höhe der Schultern still liegen.
12. Erst danach kann der Reiz der Ablenkung erhöht werden.
13. Während und nach der Übung wird nicht gesprochen und so fest wie möglich an einem Platz stehen geblieben.
14. Dreht der Hund aktiv den Kopf vom anderen Hund weg, entspannt sich und lehnt sich an dich, streichst du leise und sanft mit einer Hand über seine Stirn und lächelst ihn an.
15. Halte die Leine kurz, sodass er sich nicht der Situation entziehen kann. Es ist normal, dass Hunde, statt ihr Verhalten zu ändern, lieber einfach gehen wollen.
16. Du kannst entscheiden, ob du dann noch einen Schritt weiter gehst oder die Übung für diesen Tag beendest.
17. Bleib mutig. Solange es gut läuft, lass die Ablenkung ruhig noch ein kleines Stück näher kommen.
18. Die Hilfsperson verlässt am Ende der Übung mit ihrem Hund zuerst das Sichtfeld und geht.
19. Die Übung endet mit einer freundlichen Ansprache und dem gemeinsamen Losgehen.

06

07

08

09

05–08
Die Energie vom Sprung nach vorn wird nach oben umgeleitet, dadurch setzt sich der Hund meistens hin. Hier wurde kein Kommando gegeben.

09
Wie bei der Massage bleibt immer eine Hand am Hund und hält den Kontakt.

01

02

FESTHALTEN UND SOZIALER STATUS

In der Beziehung zu unserem Hund leben wir zwangsläufig in einem sozialen Statusgefälle, ob wir das wollen oder nicht.

VERANTWORTUNG ANNEHMEN

Ein hoher sozialer Status bringt mit sich, dass man Entscheidungen für sich und auch für den anderen treffen darf. Er bringt aber auch die Verantwortung mit sich, gute Entscheidungen für das langfristige Wohl aller treffen und durchsetzen zu können. Ohne den Beweis anzutreten, dass man sich nicht nur durchsetzen, sondern auch gut und hilfreich führen und entscheiden kann, wird einem dieser Status vom Hund nicht geschenkt. Die erste wichtige Entscheidung, um dem Hund das Angebot zu machen, ist also die klare Entscheidung dafür. Das Annehmen der Verantwortung und damit auch das Annehmen der Tatsache, dass die eigenen Entscheidungen nicht immer auf Gegenliebe treffen werden, ist eine Herausforderung. Soll der Hund kommen, wenn man ihn ruft, obwohl gerade ein Hase vor ihm wegspringt oder ein Wurstbrötchen auf dem Boden in erreichbarer Nähe liegt, dann wird der Hund nicht freudig zurückkommen. Und ich werde wahrscheinlich Konsequenzen zeigen müssen, wenn meiner Bitte nicht Folge geleistet wird. Ich als Mensch muss damit leben, meine Entscheidung trotzdem durchzusetzen und mich nicht gleich persönlich zurückgewiesen zu fühlen, nur weil der Hund aufgrund meiner Entscheidung ein langes Gesicht zieht.

AUCH UNBEQUEME ENTSCHEIDUNGEN TREFFEN

Als Führungspersönlichkeit muss ich auch unbequeme Entscheidungen treffen können

03

04

05

und das Bedürfnis beiseite legen, es immer allen recht zu machen, und nie der Spielverderber zu sein und unemotional und klug handeln. Nehme ich diese Rolle nicht an, dann kann mein Hund nur versuchen, das selbst zu übernehmen, was für einige Hunde durchaus machbar ist, aber oft zu problematischem Verhalten führt und andere Hunde und Menschen in Not bringen kann. Manche Hunde sind auch überfordert mit dieser Aufgabe und schwimmen durchs Leben, getrieben von Verantwortung und Möglichkeiten, mit denen sie völlig überfordert sind. Unsicherheit, Überemotionalität und reaktives Verhalten sind die Folgen.
Vorausschauend, selbstbewusst, mit zugewandter Einstellung und einer großen Portion Selbstkontrolle bietet man Hunden das Beste an, was diese von einer Führungspersönlichkeit erwarten können. Das Greifen und Bewegen des Hundes ist eine direkte Abfrage an den sozialen Status. Sieht der Hund in deiner Umsetzung eine Handlungsfähigkeit und Nachvollziehbarkeit, dann wird es ihn anregen, dich gern in die Rolle der Entscheidungsperson zu wählen. Sieht er euer bisheriges Zusammenleben als Beweis dafür, dass du solche Ansprüche eigentlich gar nicht hegen dürftest, dann wird es zu mehr Streit führen. Beides ist in Ordnung. Beziehungen können sich ändern.

01–03
Über seine eigene Bewegung und die anderer zu verfügen, macht sozialen Status bei Hunden aus. Nanu! stoppt die anderen auf unterschiedliche Weise.

04–05
Stoppen kann auch freundlich aussehen.

WIE REDEST DU DENN MIT MIR?

In Beziehungen gesagte Worte sind nur Hüllen für Gefühle. Sie können die unterschiedlichsten Aussagen haben, je nachdem, wie sie ausgesprochen werden.

AUF DIE STIMMUNG KOMMT ES AN

Die Art, rüberzubringen, was man meint, ist wichtiger als der Inhalt. Auch für uns Menschen zählt fast mehr, *wie* etwas gesagt wird, als *was* gesagt wird. Sich mit der eigenen Form der Kommunikation auseinanderzusetzen und bewusst auf bestimmte Dinge zu achten, wenn wir in der Beziehung in eine Kommunikation gehen, macht also den Unterschied, ob wir etwas verändern oder nicht. In den meisten hier vorgestellten Übungen soll, wenn möglich, nicht gesprochen werden. Das erhöht die Konzentration und lenkt weniger ab. Hunden ist wichtig, wie wir etwas finden und sie werten die Informationen zu unserer Gefühlslage sensibel aus. Sie sehen also sofort an unserer Mimik, unserer Anspannung und unserer Atmung, ob uns etwas gefällt und wie wir uns fühlen. Genauso, wie du an einem geliebten Menschen sofort siehst, wie es ihm oder ihr geht und was von deinen Vorschlägen gehalten wird. Für uns zählen Worte zumindest noch ein bisschen, aber auch wir schauen das Gegenüber hauptsächlich an, hören auf die Atmung und erfühlen intuitiv und ziehen daraus unsere Informationen. Da die sprachliche Information der Worte für Hunde komplett irrelevant ist und sie nur die transportierte Stimmung auswerten,

Man muss nicht „immer nett" sein, um Vertrauen geschenkt zu bekommen, sondern immer zuverlässig und echt.

kann man sich stattdessen auch direkt auf die Stimmung konzentrieren. Zu wissen, was wir vermitteln möchten, ist das Wichtigste. Sind wir uns darüber im Klaren, dann reicht es, einen guten Gedanken dazu im Kopf zu behalten. Ich weiß, dass der Irrglaube, man müsse Hundeverhalten immer kommentieren und versuchen, die Hunde mit Worten zu programmieren, immer noch überall verbreitet wird. Aber versuche es doch hier mal ohne und schau dir an, was es bewirkt.

Erziehung passiert im Zusammenleben, ist ein soziales Konzept aus angepassten und ehrlichen Reaktionen auf Verhalten. Es ist viel mehr als eine Wortprogrammierung. Bedingungslose Liebe statt Lob und angepasste Konsequenzen statt Schimpfen wären hilfreich.

01

02

WIE DU DICH BEWEGST, SO WIRKST DU

In einer Beziehung die Führung anzubieten funktioniert über verschiedene Mechanismen. Der erste Punkt ist gleichzeitig der wichtigste.

Viele der Dinge hast du schon ganz nebenbei gelesen, denn es geht beim Übernehmen der Führungsrolle ganz viel um Ruhe, gleichmäßige Atmung, kontrollierte Bewegungen und klare, feste Griffe. Die Art, sich zu bewegen, wird von Hunden als souverän oder unsouverän ausgewertet. Schau dich mal auf einer Hundewiese um. Kommt da ein großer, gut aussehender Hund um die Ecke und rennt wirr in die Gruppe, schnuppert hektisch, zuckt mit dem Kopf in alle Richtungen, nur gezogen vom Außen, immer den Reizen hinterherlaufend. Er markiert und scharrt, ohne sich Zeit zu nehmen, poltert unbedacht umher, und alle Beine scheinen in verschiedene Richtungen zu laufen. Alles zieht an ihm, nichts an ihm zieht an. Da kann er noch so übertrieben imponieren, ihm wird sich niemand anschließen, der etwas auf sich hält. Kommt ein anderer Hund dazu, etwas kleiner, unauffälliger, im ruhigen Gang, mit erhobenem Kopf und klarem Blick, dann ändert sich der Eindruck. Dieser Hund bewegt sich fließend, bewusst und gezielt. Er schaut sich erst um, trifft eine Entscheidung, wo er hingehen und was er tun möchte, und lässt sich auf dem Weg nicht ablenken. Er überblickt sofort, welche Hunde anwesend sind, wen er sich ansehen möchte und wen er erst mal links liegen lässt. Er fordert höflich ein, wenn er jemanden beschnuppern will, und wird nur dann drohend, wenn seinen Wünschen nicht nachgekommen wird. Er bewegt sich erhaben und bedacht und seine Entscheidungen sind gut überlegt. Hat er sie getroffen, dann konzentriert er sich nur auf die Umsetzung und lässt sich nicht von Kleinigkeiten ablenken oder aus der Ruhe bringen. Er strahlt schon aus, was alle bewundern und anerkennen. Dieser Hund ist unser Vorbild. Genau so soll dein Körper bewegt und deine Griffe gesetzt werden. Sachlich, ruhig und zielgerichtet, mit möglichst wenig Gezappel und möglichst wenig Nachjustieren. Das ist etwas, was als besonders angenehm und sicher empfunden wird. An seinen Bewegungen zu arbeiten und noch zielgerichteter und nur mit den notwendigen Berührungen zu arbeiten, ist ein großer Zugewinn beim Hundetraining und im Umgang mit dem Hund. Bei allem, was du mit deinem Hund tust, wie du mit ihm agierst, und vor allem, wie du mit ihm in bewussten Trainingssituatio-

03

01 Nanu! macht vor, wie man sich selbstsicher bewegt.

02 Er kümmert sich erst mal um sich und seine Interessen.

03 Und gewinnt dadurch schnell Fans, die sich ihm anschließen möchten.

04 Dass man sich ihm höflich nähert, weiß Käthe sofort.

04

nen umgehst, kannst du darauf achten, deine Bewegungen fließender, ruhiger und gezielter zu machen. Alle Sportarten, die langsame, kontrollierte Bewegungen fördern, schulen diese Fähigkeiten übrigens. Um mit deinem Hund zu üben, kannst du also auch zusätzlich einen Tanzkurs besuchen, eine Kampfkunst erlernen, eine Yoga- oder Thai-Chi-Gruppe mit deiner Anwesenheit bereichern.

DER KÖNIGLICHE KAFFEE

Übe dich in klaren, würdevollen Bewegungen. Und das mal ohne Hund, dafür mit einem Heißgetränk deiner Wahl. Schreite dabei bewusst langsam zur Küche und bleibe im Eingang stehen. Verschaffe dir einen Überblick und plane, was du wann und wie tun wirst. Unterlasse dabei alle Geräusche. Schreite nun aufrecht in die Küche und mach dir ein Getränk mit der Vorgabe, dass jede Bewegung, jede Handlung bewusst überlegt und nacheinander passieren müssen und nicht überflüssig sein dürfen, um zum Ziel zu kommen. Der direkteste Weg zu einem Kaffee also, bei dem jede kleinste Bewegung und jeder Blick wichtig sind und keine Füllaktivitäten.

Du wirst erstaunt sein, wie viele unnötige Bewegungen, Geräusche und Blicke man macht, wenn man eine einfache Aufgabe erfüllen möchte. Optimiere deine Bewegungen, Schritte und Blicke immer wieder, bis wirklich nichts mehr durch Unbedachtheit korrigiert werden muss. Machst du einen Fehler, dann halte inne und versuche nicht zu lachen oder zu fluchen oder reaktiv eine Bewegung zu machen. Wenn es dir hilft, dann stelle dir vor, dass du Kleopatra oder ein hochwürdiger König bist, der sich gerade den wichtigsten, rituell gefertigten Kaffee der Welt macht. Nie zuvor wurde mit so viel Anmut ein Heißgetränk gefertigt. Genau diese fließenden und ruhigen Bewegungen brauchst du für den Umgang mit dem Hund.

RAUM UND WER DARÜBER VERFÜGEN DARF

Das zentrale Thema unter Hunden, wenn es um Beziehungen geht, ist das Verfügen über Räume und das Tempo darin. Und auch bei uns Menschen gelten diese ungeschriebenen Regeln.

Wer bestimmt, der verfügt über den Raum, den der andere einnehmen darf. Er oder sie entscheidet, wer sich wo aufhält und wie bewegt. So wie auch wir das unbewusst als wichtigen Indikator werten, achten Hunde ebenfalls sehr genau darauf, wer dieser Jemand ist. In einem fremden Haushalt angekommen, warten wir im Flur, damit uns die Damen und Herren des Hauses zuweisen, in welches Zimmer wir gehen sollen. Für gewöhnlich fragen wir auch, wo wir uns hinsetzen dürfen. Das sind nicht nur willkürlich ausgedachte Benimmregeln, sondern tief in uns verankerte Mechanismen, um Respekt zu zollen. Ein Schlafzimmer möchten wir vielleicht nicht mal nach Aufforderung ganz locker betreten, weil wir es als irgendwie unangenehm und übergriffig empfinden, in den privaten Raum eines anderen einzudringen – ein natürliches Gefühl. Und jetzt überleg mal, ob du dasselbe Gefühl hättest, wenn du das Schlafzimmer eines zweijährigen Kindes ansehen solltest. Hier ist es etwas weniger unangenehm. Das liegt daran, dass kleine Kinder von uns als sozial niedriger gestellt wahrgenommen werden. (Was keinesfalls heißt, dass sie weniger wert sind. Soziale Stellung hat niemals etwas mit dem Wert des Lebewesens zu tun!)

Wir Menschen erleben und fühlen soziale Stellungen genau wie Hunde. Auch wir ord-

Sich ganz wie zu Hause zu fühlen ist nur angebracht, wenn man auch zu Hause ist.

Auch Menschen drücken ihre soziale Stellung über Berührungen und Körpersprache aus.

nen Menschen als angenehme Respektspersonen ein, denen man gern folgt oder eben nicht. Wir erwarten automatisch mehr Respekt uns gegenüber, wenn die andere Person deutlich jünger ist als wir, und wir empfinden es als normal, dass wir für Kinder Entscheidungen treffen dürfen, während wir bei Erwachsenen vorsichtiger sind.
Leider werden dieser natürliche Umgang und die hilfreichen und normalen Mechanismen mittlerweile so oft fehlinterpretiert und zu Unrecht mit Machtmissbrauch und Gewalt gleichgesetzt oder genau dafür genutzt. Sozial hochgestellt zu sein, heißt nämlich nicht, dass man dem anderen schaden darf oder sein Ego an ihm aufpolieren kann. Wie in vielen Punkten verschwinden die Graustufen und Schwarz und Weiß werden zur gefühlten Wahrheit. Darunter leiden vor allem unsere Hunde, die eine klare Rollenverteilung brauchen und denen im Gegensatz zu uns völlig bewusst ist, dass das ein Ausdruck von Liebe und Verantwortung ist und dass eine gute Führungspersönlichkeit aus Verantwortungsgefühl und Klugheit heraus bestimmt und niemals aus Rache, Wut oder Kontrollverlust.

Wenn du den nächsten Schritt gehen möchtest, um deinem Hund zu beweisen, dass du geeignet bist, Entscheidungen zu treffen, dann nimm die Aufgabe an, Räume zu verwalten und zu bestimmen, wer sich wo aufhält, wohin dein Hund in welchem Tempo gehen darf und wohin nicht. Denn das ist es, was Hunden wichtig ist. Vielleicht ist es dir nicht wichtig, aber dein Hund wertet Informationen darüber aus und braucht dazu klare Aussagen von dir. Wann er sich wohin bewegt und auch, wann er sich nicht bewegen darf, muss nicht den ganzen Tag über von dir kontrolliert werden, aber du solltest es jederzeit kontrollieren können. Kannst du überall sofort und ohne Bestechung, sondern nur, weil du es willst, einfordern, dass dein Hund sich von dir im Raum einen Ort, ein Tempo, Ruhe und Statik oder Aufregung zuweisen lässt, dann brauchst du es umso seltener tun.
Wer jederzeit bestimmen kann und jederzeit etwas durchsetzen könnte, der kann seinem Hund die maximale Freiheit geben. Zu bestimmen heißt also das Gegenteil davon, jeden Schritt und jeden Atemzug des Hundes zu lenken. Es heißt, dass man es könnte, wenn man wollte, und bewusst darauf zu verzichten, wenn es unwichtig ist. Wer nur in bestimmten Situationen, zum Beispiel beim Rückruf, plötzlich erwartet, dass sein Hund sich einschränken lässt in seinem Bewegungsradius, sonst aber überall auf die große Freiheit pocht, der verhält sich erstens unfair und wird zu Recht auch beim Rückruf von seinem Hund ignoriert werden.
Mit vielen der hier gezeigten Haltetechniken verfügst du über den Raum, in dem sich dein Hund bewegen darf oder eben nicht bewegen darf, womit du eine Grundsatzdiskussion über eure Beziehung eröffnest. Es geht also weit über den kurzfristigen Nutzen hinaus, den Hund zu halten, zu schieben oder abzuhalten. Es beeinflusst auch das gesamte Bild, das dein Hund von dir hat.

KLEINE KÖRPERSPRACH-KUNDE

Der Körper spricht mehr als der Mund. Spätestens jetzt kommen wir um die Grundlagen der unterstützenden Körpersprache nicht herum.

EINLADENDE UND STOPPENDE KÖRPER-SPRACHE

Über körpersprachliche Ausdrücke könnte man mehrere Bücher schreiben. Wenn du etwas über Körpersprache und Ausdrucksverhalten des Hundes lernen möchtest und mein erstes Buch „Hunde lesen lernen“ noch nicht hast, dann kannst du dir da eine Fülle an Erklärungen zur Hundekörpersprache holen.

Auch wir Menschen setzen unseren Körper unbewusst oder auch absichtlich als Kommunikationsmittel ein. Ganz kurz auf den Punkt gebracht: Es gibt einladende und stoppende Gesten der Körpersprache. Stell dir vor, du stehst an der Tür, an der es gerade geklingelt hat. Wenn du die Tür öffnest

01

02

03

04

05

01– 03
Sich abzuwenden und im Körper abzurunden bietet Nähe an.

04 – 05
Ob man den Hund anschaut, ist weniger wichtig als die Frage, wie man ihn anschaut. Oft hilft es, eher freundlich zu gucken, als den Blick ganz abzuwenden.

und den Menschen davor nicht kennst, wirst du automatisch in einer stoppenden Körpersprache dastehen. Diese beinhaltet die folgenden Punkte:

STOPPENDE KÖRPERSPRACHE

- Oberkörper zum anderen frontal hingedreht.
- Füße zeigen auf den anderen.
- Blick direkt ins Gesicht des anderen und eher ernst.
- Gesicht geradeaus zum anderen hingedreht, Kopf leicht vorgeschoben.
- Körper gerade und aufgerichtet, eher breit gemacht (Arm an der Tür aufgelegt oder in die Hüfte gestemmt).

Möchte man den anderen nun hereinbitten, weil man erkannt hat, dass es jemand ist, den man gern im Haus hätte, dann bewegt man sich automatisch einladend.

EINLADENE KÖRPERSPRACHE

- Oberkörper und Schultern drehen sich leicht weg.
- Das Gesicht wendet sich seitlich ab und der Kopf legt sich zur Seite.
- Der Blick wird weich und freundlich und schweift nach unten.
- Die Füße zeigen weg vom Gegenüber.
- Man bewegt sich rückwärts, oder seitwärts weg vom anderen.

Diese einfachen Grundregeln kannst du zu jedem Zeitpunkt im Kontakt mit deinem Hund beachten.

EINLADENDE KÖRPERSPRACHE AM BEISPIEL DES RÜCKRUFS

Rufst du ihn heran, möchtest du einladend sein. Du drehst dich also leicht weg, deine Füße zeigen vom Hund weg, dein Kopf legt sich etwas schief und du schaust eher nach unten. Du kannst sogar einen oder zwei Schritte rückwärts machen, wenn er in deine Richtung kommt, dadurch kommt er noch schneller und lieber zu dir. Behältst du das Körpergewicht nach dem Rückwärtsgehen auf dem vom Hund abgeneigten Bein, bist du noch defensiver in deiner Körpersprache. Probiere es mal aus.

Beim nah Heranholen ist das eigene Körpergewicht vom Hund weggeneigt.

Beim Heranlocken kann man sogar einen oder mehrere Schritte vom Hund weggehen.

01

02

03

05

06

07

01–04 Einladende Körpersprache. Der Blick kann abgewendet oder zugewendet und sehr freundlich sein.

05–07 Stoppende Körpersprache ist angespannt und zum Hund hin ausgerichtet.

STOPPEN UND EINLADEN IM WECHSEL

Wenn du deinen Hund dagegen stoppen möchtest oder ein Verhalten unterbrichst, dann nutzt du die stoppende Körpersprache. Dein Gesicht wird ernst, dein Körper angespannt, fest und zum Hund hin ausgerichtet. Sobald dein Hund auf deine Unterbrechung reagiert und dich wieder wahrnimmt, beugst du dich von ihm weg in eine einladende Position: Ganz einfaches Wechseln zwischen freundlicher Einladung, Unterbrechung und direkt wieder freundlicher Einladung.

Auch bei allen Übungen bringst du deine einladende und stoppende Körpersprache mit ein. In den stehenden Übungen zum Beispiel. Stehst du seitlich neben deinem Hund und ziehst ihn näher, dann hilfst du ihm sehr, wenn du darauf achtest, deine Füße von ihm wegzudrehen und deinen Blick leicht über ihn schweifen zu lassen und ihn nicht anzustarren. Auch dein Körpergewicht sollte eher von ihm weggelehnt

04

005

Zur Audiodatei
Anleitung zur Körpersprache vor dem Spiegel
Du brauchst einen Ganzkörperspiegel, in dem du dich komplett sehen kannst, und genug Platz, um ein paar Meter nach hinten gehen zu können.

sein. Je mehr Körperteile du vom Hund weglehnst, desto näher mag er kommen. Achte in jeder Position darauf, wenn du deinen Hund näher bei dir haben möchtest. Willst du, dass er sich entfernt, stehen bleibt oder Abstand zu dir oder etwas zwischen euch hält, dann nutze die stoppende Körpersprache und bewege dich auf den Hund zu. Das klingt jetzt sehr einfach und knapp und ist auch nur ein winziger Ausschnitt aus den Möglichkeiten körpersprachlicher Kommunikation. Jedes Detail, vom kleinen Finger bis zur Anspannung im Unterlid, könnte dabei gezielt eingesetzt werden und bewirkt etwas. Für dieses Buch soll uns dieser Grundsatz aber genügen. Trotz der Einfachheit heißt das nicht, dass dieser Teil unwichtig wäre.

Bitte übe vor dem Spiegel und betrachte genau, wie fein abgestimmt du einladende und stoppende Körpersprache bei dir wahrnehmen kannst, wenn du mit dir selbst kommunizierst und dein eigenes Spiegelbild ein- oder ausládst. Denke bei der Übung an die Haustür und das Abstoppen und Hereinbitten. Bei den Fotos hier im Buch wird dir auffallen, dass alle Beteiligten darauf achten, eine deutliche Körpersprache zu verwenden. Studiere die Haltungen auf den Bildern also genau und versuche, sie genauso zu imitieren. Auch wenn dir das ein oder andere etwas merkwürdig vorkommen mag, keine der Haltungen ist zufällig so gewählt oder nur bequem. Wenn du dich einfach darauf konzentrierst, die Menschen auf den Fotos in ihrer Körperhaltung und Position zum Hund möglichst genau nachzumachen, dann wirst du den Effekt sofort in der Umsetzung merken.

WUSSTEST DU, …
dass erwachsene Hunde als erzieherische Maßnahme mit Ressourcen wie Knochen und Spielzeugen verlockend vor Welpen spielen, nur um ihnen dann mit einem Knurren und einem Knuff ins Fell zu zeigen, dass sie diese Dinge nicht nehmen dürfen?

ZUNEIGUNG AUSDRÜCKEN

SCHÖNER STREICHELN

Eine Beziehung lebt durch Zuneigungsbekundungen, manchmal laut und wild, manchmal ganz sanft und leise. Aber ein aufmunternder Blick, ein sanftes Streicheln, ein liebevolles Anfassen und Umarmen ist einfach das Salz in der Suppe der Beziehungen und gehört für Hunde dazu wie die Luft zum Atmen.

AUSDRUCK VON ZUNEIGUNG

Das Streicheln ist dafür da, sich freundlich zu zeigen, zu vermitteln, dass man da ist, dass man den Hund mag und ihn versorgt. Streicheln ist viel mehr als Lob. Streicheln ist ein Ausdruck von Zuneigung. Deswegen darf man auch authentisch damit umgehen. In dem Moment, in dem Zuneigung empfunden wird, darf gestreichelt werden. Ganz einfach ... sollte man denken. Das bedeutet aber nicht, dass wir immer mitbekommen würden, wann das wirklich der Fall ist. Manchmal streicheln wir automatisch, weil der Hund uns angestupst hat und Streicheleinheiten einfordert, die wir reflexhaft ausführen, ohne zu reflektieren, ob wir uns gerade danach fühlen. Auch unsere Bedürfnisse dürfen hier Beachtung finden. Oder wir streicheln auch dann sehr häufig, wenn wir uns insgeheim fürchten, nicht mehr geliebt zu werden.

Ich beobachte oft, dass Menschen nach einer Korrektur ihres Hundes streicheln. Nur wozu? Wenn eine Korrektur notwendig war, kann es ja nicht als Lob gemeint sein, denn was gäbe es da zu loben, wenn der Hund es so falsch gemacht hat, dass ich eingreifen musste? Hier ist das Streicheln eine Art Rückversicherung des unsicheren Menschen, der mit seiner eigenen Rolle als Person, die etwas bestimmt hat, nicht klarkommt. Eine Entschuldigung dafür, dass man etwas durchgesetzt hat. Das macht das Durchsetzen aber zu einer ziemlichen Farce und der Hund weiß nicht mehr, was er denken soll. Soll er sich jetzt an die Regel halten, oder war's nicht so gemeint?

Es ist aus diesen Gründen sehr nützlich, sich zu beobachten, wann genau man streicheln möchte und wieso. In den Techniken, die du bisher kennen gelernt hast, gab es absichtlich keine Anleitung dazu, den Hund zu streicheln. Denn viele der Techniken würden durch das falsch gemeinte Streicheln an der falschen Stelle alles zunichte machen. Ich habe es also nicht vergessen zu erwähnen, sondern es soll tatsächlich zunächst einmal nicht in den Übungen vorkommen. Erst an dieser Stelle ist es so weit, dass ich erkläre, wann das Streicheln dazukommen kann.

UND WANN DARF ICH JETZT STREICHELN?

Als Erstes die gute Nachricht: Du kannst deinen Hund immer und so lange du willst streicheln, wenn ihr in einer entspannten Situation seid und es keine Ablenkungen oder Herausforderungen zu bewältigen gibt. Wenn du die ab Seite 85 erklärten Übungen machst, dann streichelst du allerdings immer nur dann, wenn die Übung vorbei ist und alles wieder entspannt ist und wirklich nichts mehr passieren kann. Nicht zwischendurch, nicht wenn der Hund sich kurz richtig verhalten hat, nur dann, wenn alles vorbei ist, die Ablenkung weg, der andere Hund vorbeigezogen und der Besuch aus dem Haus. Hunde sind keine Computer! Man kann sie nicht programmieren in richtiges oder falsches Verhalten, indem man immer automatisiert streichelt, weil sie gerade zufällig das Richtige tun. Was vorher passiert ist,

Gelobt wird immer, wenn der Hund sich so verhält, wie man es am Ende haben möchte.

was der Hund gerade denkt und fühlt, was gleich passieren soll, die Stimmung, die Ausschüttungen im Gehirn – alles das hat einen Einfluss darauf, ob das Anfassen sinnvoll eingesetzt ist.
Der Glaube, dass jede kurze Sekunde des zufälligen erwünschten Verhaltens zu bestreicheln eine Besserung auslösen würde, sollte aus den Köpfen verschwinden, denn so funktionieren soziale Lebewesen nicht. Insbesondere das ständige Wechseln aus Unterbrechung und vermeintlichem Lob ist eher eine Reizüberflutung, die das Lernen unnötig erschwert und Prozesse verlängert. Wenn das Streicheln eingesetzt wird, um zu loben und eine Lernsituation zu verstärken, dann bitte nur, wenn der Hund wirklich bewusst, gewollt und absichtlich ein erwünschtes Verhalten zeigt, ohne vorher korrigiert zu werden. So lange er noch im Denkprozess ist, ausprobiert oder nur kurz innehält, verwirren ihn zusätzliche Informationen nur und sind weder hilfreich noch nett.

Wer zwischendurch lobt und dann wieder eingreift, macht es dem Hund schwerer. Nur wenn wirklich alles stimmt, ist die Information hilfreich, dass es so richtig ist.

AUSGLEICH UND INNIGKEIT

Hat der Hund alles einmal ausprobiert und findet zur Ruhe, ohne dass ein Eingreifen nötig ist und ohne zu überlegen, doch noch in das alte Verhalten zurückzufallen, dann kann gezielt Kontakt aufgenommen und bestätigt werden. Genau dann ist es gut, sich über das Streicheln wieder liebevoll anzunähern, ein Gegengewicht zu vorher eventuell aufregenden Situationen oder strengen Regeln zu setzen.
Es geht dabei um Ausgleich und Innigkeit, nicht um Lob und auch nicht um Entschuldigung. Mit dieser Einstellung streichelt man automatisch anders, langsam, bewusst und mit einer weichen flachen Hand. Insbesondere das Nach-unten-Streichen auf der Brust des Hundes wirkt beruhigend und lässt die vorher aufgebrachte Konzentration noch ein wenig im Raum schwingen.
Das feste Streichen über den Kopf des Hundes, wobei auch über seine Augen gestrichen oder mit dem Finger die Partie zwischen seinen Augen abgefahren wird, ist ein besonderer Reiz für die meisten Hunde. Hier entsteht eine große Innigkeit, die ich mir damit erkläre, dass auch Hunde untereinander in liebevoller Zuwendung hauptsächlich gegenseitig das Gesicht des anderen belecken und mit langsamen Bewegungen über die Augen und das Gesicht streichen. Diese Geste zu imitieren ist oft sehr erfüllend für Hund und Mensch. Die Handhaltung ist dabei die des „Blattes Papier“ (Seite 138), der Druck kräftig und die Bewegung sehr achtsam und ausschließlich mit der Wuchsrichtung des Fells.

Manche Hunde lieben es, umarmt zu werden, andere finden es schlimm.

ANREGEN UND BERUHIGEN DURCH STREICHELN

Je nachdem, wie man streichelt, kann man die Aktivität des Hundes anregen, ihn lockerer und enthemmter machen oder seine Konzentration fördern und ihn beruhigen.

Streicheln, schubbern und kratzen kann den Hund aktivieren. Das kann hilfreich sein, um eine Übung erkennbar zu beenden, ihn locker zu machen und in Bewegung zu bringen. Es wirkt aufmunternd und gleichzeitig anregend, sich neu auszuprobieren, es noch mal zu versuchen oder sich auf etwas weniger Angespanntes einzulassen als vorher. Alle Berührungen, die eher schnell ausgeführt werden und gegen den Strich gestreichelt werden, regen den Blutfluss und die Lymphaktivität des Hundes an und machen ihn wach und aktiv. Sie holen ihn aus der Anspannung, aber auch aus der Konzentration. Während einer laufenden Übung oder wenn der Hund noch etwas vor sich hat, was Hemmung, Konzentration und sich Zusammennehmen braucht, ist es also hilfreich, diese Form des Streichelns zu unterlassen, genauso in Situationen, die keine weitere Aufregung gebrauchen können, wie beängstigende und verunsichernde Momente.
Für diese Situationen eignet sich ein langsames Streicheln mit dem Strich, also mit der Fellrichtung. Das wirkt beruhigend und aufmerksamkeitsfördernd. In einer kleinen Pause während einer Übung, kurz bevor ein Ablenkungsreiz wieder auftaucht und kurz gemeinsam durchgeatmet wird, ist es besonders gut und beruhigend. Es gibt also nicht das „gute, lobende" Streicheln, sondern ist immer abhängig davon, was der Hund in diesem Moment braucht: Hemmung oder Enthemmung.

WUSSTEST DU …
Auch das Streicheln ist immer ein Abtasten und Herausfinden, ob der Hund irgendwo Schmerzen hat oder plötzlich ungewöhnlich reagiert. Wenn wir nicht nur automatisiert streicheln, dann finden wir viel über unseren Hund heraus.

Den Hund wirklich meinen und fühlen vermittelt Innigkeit.

Stolz sein auf die Anstrengungen des Hundes kann über ein Streicheln und einen Blick transportiert werden.

DAS KOPFSTREICHELN

Denken wir Menschen angestrengt nach, dann kratzen wir uns gern am Kopf. Oder wir reiben unsere Augen und Schläfen mit der flachen Hand, klatschen uns an die Stirn, wenn wir nicht richtig nachgedacht haben, und tippen dagegen, wenn wir uns angestrengt erinnern wollen. Es wirkt fast, als wollten wir intuitiv die Aufmerksamkeit der Sinne auf die Region lenken, in der gearbeitet werden muss, auf das Stirnhirn, „Stirni“, das du schon kennst. Hier liegt bekanntlich die Bremse und die Fähigkeit, unüberlegtes Verhalten zu stoppen und sich zusammenzunehmen. Erstaunlich finde ich, dass wir außerdem bei psychischem Stress und emotionalem Druck ausgerechnet seitlich an unseren Schläfen reiben und kreis-

Der Genuss ist in den halbgeschlossenen Augen und den entspannten Gesichtern der Hunde abzulesen.

förmige Bewegungen machen, wenn wir seufzend versuchen uns zu sammeln. Da, in der Mitte des Gehirns liegt das Zentrum der Bildung und Verarbeitung von Emotionen. Ich habe keine Ahnung, ob das ein Zufall ist, oder ein Versuch des Körpers die Kräfte an den Stellen zu bündeln, wo gerade die größte Aktivität gebraucht wird. Auffällig finde ich es aber allemal und beobachte auch beim Hund, dass unterschiedliche Regionen am Körper unterschiedliche Reaktionen hervorrufen, wenn sie gestreichelt werden. Möchte ich Konzentration in einer Übung fördern, oder kommt gleich eine Ablenkung, bei der sich mein Hund zusammennehmen muss, dann streichle ich den Kopf des Hundes, vorn, über den Augen, in der kleinen Rinne zwischen den Augen, oder über Stirn und Ohren. Bei allen Techniken, die ein Verhalten unterbrochen haben, nutze ich diese Form des Anfassens, um neue Konzentration für eine Wiederholung zu sammeln. Wenn ich von meiner persönlichen Erfahrung und eigenen Theorien absehe, dann ist es allein deswegen schon eine geeignete Form des Streichelns, weil es mit sehr wenigen Bewegungen auskommt und so die benötigte Statik nicht unterbricht. Außerdem kann der Hund dafür sowohl sitzen als auch stehen und ich muss meinen Körper nicht zu ihm drehen und damit auch nicht aus meiner eigenen Konzentration fallen.

STREICHELN ÜBER DIE BRUST

Dem Hund mit der flachen Hand oben über die Brust zu streicheln, hat eine besondere Wirkung auf ihn. Ich finde das kräftige Hin-und-her-Reiben besonders passend am Ende einer Übung, um die Konzentration wieder aufzuheben und zu lockern. Ein Streichen von oben nach unten wirkt sich dagegen beruhigend aus. Insbesondere bei ängstlichen Hunden bietet sich dieses Streicheln an. Ganz nebenbei kann man es am besten während des Haltens in der Hocke anwenden, da die Hände ohnehin schon vorn an der Brust des Hundes liegen, und man versperrt dem Hund nicht die Sicht, was ihn in ängstigenden Situationen besonders unruhig machen würde. Einem ängstlichen Hund streicht man also besser nicht über den Kopf, sodass er nicht das Gefühl bekommt, weniger zu sehen oder zu hören, und damit einen noch größeren Kontrollverlust erlebt.

Die Brust ist nicht zufällig ein besonderer Punkt. An der Stelle, die beim sitzenden Hund hervortritt, befindet sich die sogenannte Thymusdrüse, die in verschiedenen Techniken in der menschlichen Therapie zu aktivieren versucht wird. Sie liegt nah am

Kuscheln muss kein Lob sein. Es darf auch einfach so genossen werden.

Herzen und ist die Hauptzentrale für das lymphatische System. Manchmal streichen wir uns selbst mit festem Druck über die obere Brust und den Halsansatz, wenn wir Unbehagen empfinden bei einer Idee. Kennst du diesen intuitiven Griff mit der geöffneten Hand zum Hals, als wolltest du dich selbst würgen, wenn jemand etwas Gruseliges erzählt? Genau dort sitzt bei uns die Thymusdrüse. Wird sie aktiviert, dann hilft sie, Stresshormone abzubauen und mit neuem Mut in Situationen zu starten. Das feste Klopfen und Reiben der Thymusdrüse soll bei Menschen zu einer Aktivierung führen und wird rituell in Form von Brusttrommeln in verschiedenen Stammestänzen indigener Völker genutzt.

SCHUBBERN DES UNTEREN RÜCKENS

Kratzt man den oberen Po des Hundes, so aktiviert man direkt den Knotenpunkt, an dem die reflexhaften Bewegungen der Hinterhand gesteuert werden. Oft sieht man dann, wie diese Reflexe ausgelöst werden und der Hund beim Schubbern des Pos mit den Hinterbeinen „tanzt". Ist dieser Punkt der Wirbelsäule beschädigt, treten Lähmungserscheinungen im hinteren Teil des Hundekörpers auf. Die meisten Hunde mögen es auch sehr gern über den unteren und seitlichen Rücken geschubbert zu werden und ein Reflexzonenfeuerwerk zu erleben, dass sie unwillkürlich Bewegungen, wie das

Mitkratzen mit dem Hinterbein, ausführen lässt. Sicher auch deswegen, weil genau diese Stellen für sie nur schwer erreichbar sind. Diese Zonen wirken aktivierend und machen den Körper durch viele Bewegungen und auch das seitliche Biegen der Wirbelsäule nicht nur wach, sondern lockern die Stimmung gleich mit.
Angst, Aggression und Imponierverhalten zeichnen sich durch eine gerade und angespannt gehaltene Wirbelsäule aus, die sich nicht seitlich abbiegt. Die Konterbewegung dazu ist also ein Schlängeln des Rückens, wie beim Slalomlaufen. Die meisten Hunde schütteln sich direkt nach dieser Streicheleinheit und unterstützen damit den auflockernden Effekt noch mal. Ist der Hund extrem in sich verharrt und starr, dann kann es ihn wieder auflockern, an dieser Stelle intensiv mit und gegen den Strich gekratzt zu werden. Nach einer beängstigenden Situation zum Beispiel oder wenn der Hund sich im aggressiven Kontext extrem zusammenreißen musste, um nicht vor Wut zu toben. Vorsicht aber, wenn der Hund sich noch konzentrieren und zusammennehmen soll, dann ist es ungünstig, ihn so in Wallung zu bringen.

STREICHEN ÜBER DEN BAUCH

Bauchkraulen ist bei vielen Hunden beliebt, wenn man sich in einer sicheren Umgebung befindet. Auch wir streichen instinktiv über den Bauch, wenn wir Schmerzen oder Verdauungsprobleme haben, aber auch wenn wir uns sehr wohl fühlen. In der Sauna oder auf der Sonnenliege kann man oft beobachten, wie sich Menschen den Bauch reiben. Auch Schwangerschaften lösen ein intuitives Bedürfnis aus, den Bauch immer wieder zu streicheln. Für Hunde ist es gleichzeitig eine Geste des Vertrauens als auch eine aktive Entspannung. Im Liegen, auf der Seite oder dem Rücken, erinnert es vielleicht an das Lecken der Mutterhündin, die damals den Welpen so mehrmals täglich gepflegt und sein Verdauungssystem aktiviert hat. Durch das Liegen und Ablegen des Kopfes wird im Körper der Parasympathikus aktiviert. Das ist der regulierende Teil des Gehirns, der für alles zuständig ist, was Ruhe und Erholung angeht. Er sorgt für Müdigkeit und Schlaf, regt die Verdauung an und senkt die Herzfrequenz. Wer seinem Hund langsam und fest den Bauch streichelt, der kann damit eine Entspannung fördern und ein tiefes, ruhiges Wohlbefinden auslösen. Streiche am besten von vorn nach hinten. So schiebst du mit dem Verdauungssystem in die richtige Richtung und förderst den Fluss von Darminhalt und Luft nach hinten zum Ausgang. Manch ein Hund mag sogar eine richtige Bauchmassage mit festem Druck und flachen Händen.

Trotz eventueller gemeinsamer Probleme sollte ein liebevoller Grundumgang selbstverständlich sein.

SICH IM ARM HALTEN UND SCHWEIGEN

FREUNDSCHAFT

Gesten der Freundschaft sind gemeinsame Unternehmungen. Dazu gehört übrigens auch das gemeinsame Schlafen, eine viel zu selten genutzte Aktivität.

Eine gute Beziehung beinhaltet nicht nur gemeinsame Party und Action, sondern auch die Möglichkeit, zusammen zu entspannen, zur Ruhe zu kommen und die Erholung zu genießen. Dadurch entsteht eine Tiefe der Verbindung, die nur über gemeinsame Hobbys voller Aktivität nicht erreichbar wäre. Miteinander zu entspannen ist eine hohe Form des Vertrauens und stärkt die Freundschaft ungemein.

FREUNDSCHAFT IM SCHLAF

Wer auch nur ab und zu die Möglichkeit hat, der sollte dringend einen gemeinsamen Mittagsschlaf etablieren. Und sei es nur ein kleiner Powernap. Das Miteinander-zur-Ruhe-Kommen und Schlafen auf dem Sofa oder zumindest in unmittelbarer Nähe zueinander ist etwas, was Hunde untereinander in ihren Beziehungen ständig tun.
Durch unser gewöhnlich hohes Tagesaktivitätslevel schlafen unsere Hunde tagsüber aber meist allein, während wir arbeiten und wach sind. Umso mehr genießen viele Hunde es, wenn wir eines ihrer Hobbys mit ihnen teilen. Als Tagdöser sind Hunde darauf ausgelegt, mehrere Stunden am Tag zu schlafen und zu ruhen. Besonders gut geht das, wenn eine Stimmung der Ruhe aufkommt und die Menschen zumindest eine kurze Zeit des Tages mit einsteigen ins Schlafgeschehen.
Auch wenn der Hund nicht nah liegen mag und an der anderen Seite des Zimmers Platz nimmt, so ist eine gemeinsame Ruhezeit etwas, was die Beziehung merkbar festigen und entspannen wird. Nebeneinander zu liegen ist für Hunde ein wichtiger Bestandteil zum Festigen ihrer sozialen Beziehungen.

KÖRPERKONTAKT OHNE HÄNDE

Wenn Anfassen nicht möglich ist, dann kann man trotzdem Körperkontakt haben, der irgendwann zum Anfassen wird. Für Hunde, die sich aus Angst nicht anfassen lassen, gibt es Lösungen.
Manche Hunde sind ohne menschlichen Kontakt aufgewachsen und haben große Skepsis. Andere haben schlimme Dinge erlebt und verbinden mit dem Kontakt zu Menschen nichts Gutes. Angst vor Menschen führt zur Vermeidung von Kontakt. Tatsächlich kann es hilfreich sein, den Hund nah bei sich anzubinden und ihn so zu zwingen, neben sich zu liegen und zu schlafen. Ohne ihn anzufassen oder zum Kuscheln zu drängen, versteht sich.
Diese Methode ist besonders bei Hunden hilfreich, die vor einem Menschen im Haushalt Angst haben. Anstatt zu versuchen, sich einzuschmeicheln, sollte der Mensch stattdessen eine Leine um seinen Bauch binden und den Hund kommentarlos daran befestigen. Der Hund wird dann, ohne angesprochen oder angefasst zu werden, ganz selbstverständlich überall im Haushalt hin mitgenommen, weil er am Menschen fest-

Hunde aus dem Auslandstierschutz brauchen oft mehr Zeit als „so eine Schnipsel".

gebunden ist. Ein so durchgeführter gemeinsamer Mittagsschlaf wirkt echte Wunder. Hegt ein Hund, aus welchen Gründen auch immer, Misstrauen gegen eine Person im Haushalt, dann empfehle ich, es auszuprobieren.

Den Hund monatelang ankommen lassen, in Ruhe lassen und nichts tun, hilft Hunden, die Angst vor Menschen haben, wenig und schürt deren Muster, sich zu entziehen und darin ihr Glück zu finden, täglich mehr. Natürlich soll man sie nicht bedrängen. Aber eben auch nicht erwarten, dass sie von sich aus plötzlich ihre Meinung ändern. Das Anbinden am Menschen zwingt den Hund in die Nähe. Da er aber nicht angeschaut, angesprochen oder gar angefasst wird, hat er für den letzten Schritt die Entscheidungsmacht. Er muss sich aber mit dem Thema auseinandersetzen und kann neue Erfahrungen machen, die er sonst verweigern würde. Gerade beim Schlafen wirkt der Mensch am wenigsten gruselig und kann sich selbst nicht aus Versehen in sein Bedürfnis hineinsteigern, angenommen zu werden. Der Hund kann durchaus die ersten paar Male neben dem schlafenden Menschen stehen und überlegen. Irgendwann wird er sich auch hinlegen, und sehr oft kommt es dazu, dass er sich sogar dazukuschelt. Später kann der Mensch dann die nächste Initiative ergreifen, die Leine noch verkürzen oder den Hund von sich aus anfassen.

WUSSTEST DU …

Gemeinsam zur Ruhe zu finden ist für Hunde ein so großer Bestandteil ihres Zusammenlebens. Während wir oft nur auf die Spaziergänge und wilden Hobbys schauen, ist das zusammen Kuscheln und Ruhen für Hunde und uns ein gleichwertiges Hobby.

Gemeinsam Nichtstun stärkt die Freundschaft.

☞ MEDITATION

Auch Hunde können in einen meditativen Zustand kommen. Das ist leicht nachvollziehbar, wenn man weiß, dass Meditation keinerlei Bezug zu spirituellen Erfahrungen braucht, sondern einfach Nichtstun im Sitzen ist.

Meditieren ist, platt gesagt, nichts weiter, als den Geist in einen schlafähnlichen Zustand zu bringen, während man aufrecht sitzt und wach ist. Ob man dem Ganzen einen spirituellen Unterbau geben möchte, bleibt jedem selbst überlassen. Sobald man aufrecht sitzt, die Augen schließt, sich mit nichts ablenkt und Gedanken, die sich festhaken, immer weiterschiebt und sich nicht bewegt, meditiert man. Das kann sich unter Umständen zunächst ziemlich unangenehm anfühlen. Meditation entspannt langfristig und oft nicht dann, während man es tut, sondern danach. Mit ein bisschen Übung kommt man als Mensch in diesen Zustand, kann ihn auch genießen und als Kraft bringend empfinden. Hunde bemerken diesen Zustand bei Menschen sofort als etwas Außergewöhnliches. Sie reagieren unterschiedlich, aber stets sehr direkt und stark. Manch ein Hund nimmt geradezu Reißaus und beobachtet seinen Menschen gespannt, doch die meisten Hunde suchen sofort intensiv die Nähe und begeben sich ebenfalls in einen Zustand der Ruhe. So kann man gemeinsam etwas genießen und ein gesundes Hobby zusammen pflegen, das Hund und Mensch zur Ruhe bringt und für den Rest des Tages stärkt. Wer Lust hat, das auszuprobieren, dem empfehle ich, eine geführte Meditation zu suchen und sich dafür auf den Boden zu setzen. Der Hund wird dabei an einer Leine am Körper des Menschen befestigt, indem dieser sich die Leine um den Bauch bindet. Dann begibt sich der Mensch in den meditativen Zustand, ohne Anspruch an den Hund und ohne ihn zu irgendetwas aufzufordern oder Kommandos zu geben. Wenn der Hund möchte, kann er die ganze Zeit dastehen, bellen, liegen oder was immer er möchte. Der Mensch bleibt bei sich und seiner Stimmung und bietet damit eine Ruhe an, die auf Freiwilligkeit beruht und nicht angenommen werden muss. Ohne etwas zu wollen oder zu forcieren, eine Stimmung vorzugeben, ist für dich eine gute Übung und kann zu einem außergewöhnlichen Erlebnis mit deinem Hund führen.

006

Zur Audiodatei
Meditation mit Hund im Haus. Du brauchst einen bequemen Sitzplatz für dich und deinen Hund auf dem Fußboden.

EIN BISSCHEN MEHR ERNST TÄTERÄTÄTÄTE UNS GUT!

Humor und Leichtigkeit im Umgang mit dem Hund machen so vieles besser. Auch wenn es um anstrengende Themen oder aggressives Verhalten geht. Wir drehen uns so gern in einem Problemfokus, in dem alles ganz schlimm, alles ganz ernst ist. Sich wieder zurückholen zu den kleinen Freuden, auch mal zu schmunzeln über eine völlig übertriebene Reaktion des Hundes während des Übens oder über das eigene Ungeschick beim Greifen sind erlaubt. Auch in voller Konzentration darf die Leichtigkeit wieder einziehen, das Bewusstsein, dass alle Fehler am Ende meist doch nicht weltbewegend sind. Fehler können ausgebügelt werden, Beziehungen können sich ändern und wir und unsere Hunde können so viel lernen. Das menschliche, auf miesmuffelige Informationen besonders anfällige Gehirn kann dafür ein bisschen ausgetrickst werden. Tiefe Atmung, den Fokus auf etwas zu legen, das gut klappt, oder die Akzeptanz, dass jeder Hund und jeder Mensch so seine Probleme

Situativ eingreifen, aber sonst das Leben genießen. Hunde können das manchmal besser als wir.

mit sich herumschleppt, aber die eben nur ein kleiner Teil der Persönlichkeit sind und nicht alles.
Sich immer wieder klarzumachen, dass Bellen und Knurren zunächst nur Geräusche sind, dass Gefühle aller Art gesund und normal sind und dazugehören und nicht alles so heiß gegessen wird, wie es gekocht wird. Behalte deinen Humor, schau in die wunderschöne Welt und lass all die Probleme mit dem Hund wieder in eine realistische Relation zum Gesamtgeschehen rutschen. Niemand kann behaupten, dass dein Hund eine schlechte oder gar überhaupt keine Bindung zu dir hätte. Was für ein Unsinn! Jede Beziehung ist anders, was gut oder schlecht ist, muss an den Erwartungen der Menschen und Hunde bemessen werden, die miteinander leben. Bei einem Menschen zu leben und keine Beziehung zu haben, ist übrigens schlichtweg unmöglich. Auch störendes Verhalten hat nicht gleich etwas mit fehlender Liebe zu dir oder fehlendem Vertrauen zu tun. Du bist weder für alles verantwortlich, was dein Hund denkt und fühlt, noch machst du als das andere Ende der Leine sämtliche Stimmung. Dein Hund ist ein erwachsenes Lebewesen mit eigenen Gedanken und Meinungen, über die man manchmal auch lachen kann und die sich von deinen vielleicht unterscheiden. Sein Verhalten kann er mit deiner Anleitung situativ anpassen und ändern. Trotzdem bleibt er der Hund, den du liebst und der dich liebt. Also mach dich locker, beobachte neugierig, probiere dich aus und versuche es noch mal, wenn es nicht geklappt hat. Hab Spaß mit den hier vorgestellten Techniken, nimm dir, was du brauchst, und lass den Rest liegen. Du bist nur ein Mensch, dein Hund ist nur ein Hund, und das hier ist nur ein Buch.

BEZIEHUNG IST MEHR ALS WORTE

Eine Beziehung entwickelt sich, ändert sich und kann von beiden Parteien beeinflusst werden. Je bewusster wir mit ihr umgehen, je gezielter wir Änderungen herbeiführen, Zustände akzeptieren und uns und unsere Interessen reflektieren, desto erfüllender nehmen wir sie wahr. Das sind Grundsätze, die auch für die Beziehung zu unserem Hund gelten. Mit dem bewussten Anfassen und der Kommunikation über Körperkontakt hast du einen weiteren Teil eures Miteinanders erforscht. Vielleicht hast du dich irgendwo auf dem Weg gefreut oder geärgert, brauchtest ein paar Anläufe oder warst sogar gerührt und ergriffen von der Intensität des Kontaktes, den du gespürt hast. Du hast dich auf eine mutige Reise gemacht, etwas Neues zu entdecken, und kannst nun entscheiden, was davon du in den Alltag übernehmen, was du erweitern und ausbauen möchtest. Ich bin mir sicher, dass es sich gelohnt hat, mein Wissen mit dir zu teilen, auch wenn vielleicht nicht alles von Anfang an so geklappt hat, wie du es dir vorgestellt hast oder du noch Fragen hast. Denn nichts zu vermitteln und nichts zu versuchen, ist garantiert schlechter, als es einfach auszuprobieren und das Risiko einzugehen, nicht verstanden zu werden oder noch mal ansetzen zu müssen. Genauso, wie ich in deine Fähigkeiten vertraue, möchte ich dir ans Herz legen, in die Fähigkeiten deines Hundes zu vertrauen und einfach weiter auszuprobieren und zu lernen. Ich wünsche dir dabei viel Spaß und emotionale Erlebnisse, die eure ganz individuelle Beziehung bereichern.

Jede Beziehung ist anders, und ob sie gut ist, entscheiden nur dein Hund und du.

SERVICE

☞ ÜBER MICH

MEINE LEIDENSCHAFT

Hunde sind meine Leidenschaft. Ihr Verhalten zu erkennen und einzuordnen, mit ihnen in Kontakt zu treten ist das, was ich am liebsten tue und am besten kann. Ich sehe sie nicht als dressierbare Wesen, denen man Kunststücke beibringen kann, sondern bewundere ihre Intelligenz und Selbstständigkeit genauso wie ihre Eigenarten und ihre Durchsetzungskraft. Hunde dem Menschen näher zu bringen ist meine Passion und ich weiß, dass es dazu vor allem Verständnis für das braucht, was Hunde ausmacht.

MEIN BERUFLICHER WEG

Begonnen hat meine Reise mit der Betreuung von Hunden und einem Gassi-Service, zu dem schnell Einzelberatungen, Gruppenstunden und Seminare dazukamen.
Um mein Bauchgefühl mit Wissen zu untermauern, habe ich ein dreijähriges Studium absolviert und mich behördlich von der Tierärztekammer SH zertifizieren lassen und zwanzig Jahre Berufserfahrung und Weiterbildung der Erforschung von Hundeverhalten und -erziehung gewidmet. Und ich lerne immer weiter, denn es gibt noch so viel mehr zu wissen.

Ich lebe mit meinen beiden Hunden Nanu! und Schnipsel am Rande der Stadt und halte Seminare und Workshops für Hundetrainer*innen. Wenn ich nicht grade unterwegs bin, biete ich Weiterbildungen Online an oder schreibe am nächsten Buch.
Wenn du mehr über mich wissen möchtest, dann schau gern auf meiner Homepage vorbei oder besuche eine meiner Live-Weiterbildungen. Ich freue mich, wenn dir meine Arbeit gefällt und vor allem, wenn sie dir und deinem Hund nützlich ist, um besser und zufriedener miteinander leben zu können.

www.marengrote.de

☞ DANKE!

Dankbarkeit für das, was wir haben, macht uns stark. Unsere Hunde geben uns so viel, das uns stärkt und erfreut. Egal welche Probleme wir mit ihnen haben, sie in unserer Nähe zu wissen, zaubert uns ein Lächeln ins Gesicht.
Ich bin dankbar für meine Hunde: „Nanu!“, der mich Demut vor Genetik gelehrt hat, mein treuester Begleiter und unerschrockenster Beschützer ist. „Nanu!“ ist der loyalste Freund, den ich mir vorstellen kann. Trotz aller Auseinandersetzungen mit ihm war immer klar, dass seine Liebe aus tiefstem Herzen kommt. Ich bin auch dankbar für meine kleine „Schnipsel“, die meine Gefühlswelt ins Chaos stürzt durch gleichzeitig empfundene Faszination, Wut, Herzschmelze und Verwunderung. Ihre ungebrochene gute Laune bei völliger Tiefenentspannung macht mich glücklich.
Dankbar bin ich auch für all die Menschen, die geholfen haben, dass ich dieses Buch schreiben konnte. Ute, der Kosmos Verlag, die Menschen, die dort mitgearbeitet haben und alles so schön zusammengesetzt und zu einem optischen Genuss gezaubert haben. Anna, die bereits für das letzte Buch die wundervollen Fotos gemacht hat und auch hier wieder mitgewirkt hat.
Meinem Mann, der nur für sein Dasein schon Dankbarkeit verdient, und all meinen Freunden, meinen Eltern, die zugehört und mich bestätigt und bestärkt haben. Für Susanne, die immer wieder meine Rechtschreibfehler korrigiert hat, und für meine Probeleser*innen, die das verwirrende Geschreibsel des Anfangs durchgewühlt und sich vorgestellt haben, dass das irgendwann ein richtiges Buch wird. Danke für eure Zeit und Hilfe! Danke auch noch mal an Perdita, die mich an den Kosmos-Verlag empfohlen hat!

ZUM WEITERLESEN UND WEITERKLICKEN

WEITERE EMPFEHLENSWERTE BÜCHER

Hier findest du eine kleine Auswahl von Büchern aus dem Kosmos-Verlag, mit denen du noch tiefer in die Thematik „Hund" einsteigen kannst.

Baumann, Thomas und Ina: **Entschleunigung von Mensch und Hund.** Gemeinsam zu mehr innerer Ruhe und Gelassenheit.

El Ayachi, Sami: **Der zugewandte Hund.** Körpersprache richtig verstehen und anwenden.

Engelstädter, Vanessa: **Resilienz bei Hunden**. Hunde im Inneren stärken – Für einen gelassenen Umgang mit Konflikten und Stress.

Grote, Maren: **Hunde lesen lernen.** Hundeverhalten praxisnah erklärt.

WEBINARE

Viele spannende Themen, Autorinnen und Autoren findest du in unseren Online-Seminaren. Ob live oder als Aufzeichnung, hier dreht sich alles um den Hund.

WEBINARE VON MAREN GROTE

Blickschule Hundeverhalten – **Aggression**
Blickschule Hundeverhalten – **Angst**
Blickschule Hundeverhalten – **Spiel**

APP VON MAREN GROTE

Schnipsel. Life of Schnipsel.

Besuche Maren Grote unter:
www.marengrote.de
www.kötercoach.de

SOCIAL MEDIA

Möchtest du wissen, was los ist? Storys, Webinar-Ankündigungen, Zitate, Buchclips, Gewinnspiele, Takeover unserer Autorinnen und Autoren und vieles mehr gibt es auf unseren Social-Media-Kanälen unter:
instagram.com/kosmos.hund
facebook.com/kosmos.hund

Folge uns und werde Teil unserer KosmosHund-Community!

REGISTER